Das lernt mein Hund

Christiane Blenski

W0358775

KOSMOS

Inhalt

Was lernt mein Hund? Erst lernt der Mensch!

Gehört, geschnallt, geübt, geschafft – ungefähr in dieser Reihenfolge lernen wir Menschen. Wir können umsetzen, was andere uns erklären, wenn wir nur wollen. Mit dem Wollen, das haben wir mit unseren geliebten Hunden gemeinsam. Denn: Vierbeiner brauchen nur die richtige Motivation, dann wollen sie, was wir wollen. Und sie brauchen unser Verständnis für ihre Art, Neues zu lernen. Das fängt damit an, dass wir Verständnis dafür haben, dass sie unsere Sprache nicht kennen oder lernen können. Sie verstehen tatsächlich kein Wort! Aber sie kapieren die Signale und Körpersprache des Menschen. Zum Beispiel: Stehen wir auf und holen die Leine, hat der Hunde gelernt: „Jetzt geht's los zum Spaziergang!" Anders ziehen wir die dünne Jacke an, dann weiß der Hund: „Schade, ich bleib wohl hier!"
Der Hund lernt also durch die Erfahrungen, die er macht – und durch sein Handeln.
Ob er ein bestimmtes Handeln wiederholt, entscheidet er ganz einfach danach, ob sein Tun eine für ihn angenehme oder unangenehme Folge hatte.
Wir Menschen können dafür sorgen, dass er mit uns viele für ihn positive, lohnenswerte Erfahrungen macht: durch Futter, Spiel, Streicheln, Beschäftigung und Aufmerksamkeit. All das belohnt den Hund.
Der Spitzenreiter unter diesen Belohnungsarten? Na, Sie können fragen: das Fressen!

So ist es naheliegend und erfolgversprechend, nutzen wir Futterstückchen und Leckerlis, um unseren Hund zu motivieren, etwas zu lernen. Das heißt auch: Wir bringen unseren Hund auf nette und entspannte Art dazu, zu tun, was wir von ihm erwarten. Dabei lernt der Hund noch mehr: Er verknüpft durch viele Wiederholungen das passende Signalwort mit seinem Verhalten. Sagen wir also immer wieder „Platz!", während der Hund sich hinlegt, lernt der Hund: „Aha, auf die Lautfolge: „Platz!" soll ich mich hinlegen – und das lohnt sich, denn ich bekomme einen Leckerbissen.

Wiederholen beim Lernen heißt bekanntlich üben, üben, üben, üben. Das gilt für Zwei- wie für Vierbeiner. Denken Sie nur daran, wie schwer manche Englisch-Vokabeln in den eigenen Kopf wollten. Lernen geht nie von jetzt auf gleich, sondern ist ein spannender Prozess und eine permanente Weiterentwicklung, bei der Sie Ihren Hund begleiten. Und das ist es auch, was Sie und Ihren Hund zu einem Team, zu einem richtig guten Miteinander bringt: Spielen, Toben, Streicheln, Füttern – und sich zusammen neue Signale von „Sitz!" bis „Gib's" von „Komm!" bis „Bleib!" in kleinen Schritten erarbeiten.

Dafür gebe ich Ihnen noch einen ganz wichtigen Tipp mit auf den Übungsweg: Wenn Sie sich über den Tag verteilt zwei- oder drei Mal nur sieben Minuten für die Erziehung oder die spielerische Beschäftigung mit Ihrem Hund Zeit nehmen, ist das absolut genug. Beenden Sie jede Trainingseinheit mit etwas, was der Hund richtig gut kann und wofür Sie ihn ausgiebig belohnen können. So hat Ihr Hund ein echtes Erfolgserlebnis und Sie wecken Lust statt Frust auf das Weiterüben. Und überhaupt, belohnen Sie Ihren Hund so oft Sie können – auch einfach zwischendurch im alltäglichen Zusammenleben. Oder anders gesagt: Erwischen Sie Ihren Hund immer, wenn er etwas richtig gemacht hat!

Viel Spaß dabei!

Mensch Hund!

Erfolg ist, was dem Handeln folgt. Für unsere Hunde ist dieses Prinzip die Grundlage für ihr Lernen. Nutzen Sie das aktiv! Legt sich der Hund ins Körbchen anstatt am Tisch zu betteln: belohnen! Kommt der Hund, wenn Sie ihn rufen: belohnen! Mit jedem Erfolg stellen Sie sicher, dass Ihr Hund beim nächsten Mal wieder so handelt. Das ist „positive Bestärkung“, eine Trainingsmethode entwickelt von Karen Pryor. Schauen Sie, wie erfolgreiche Tiertrainer z. B. für Filme arbeiten und Sie werden es sehen und hören: über Belohnung!

Taten statt Worte

Worte lesen, hören und in die Tat umsetzen: Was uns Menschen selbstverständlich ist, wie in Ratgebern zu lesen, findet unter Hunden natürlich nicht statt. Auch werden gegenseitig keine Vorträge gebellt, damit die nächste Hundegeneration etwas Neues lernt. Überhaupt sind Lautäußerungen für Hunde eher unwichtig. Hunde „lesen“ dafür intensiv die Körpersprache – die Körpersprache anderer Hunde und gerade auch von uns Menschen. Für das gemeinsame Training heißt das: Nutzen Sie beim Üben neben Signalworten wie „Sitz!“ auch Signalgesten mit der Hand.

Wollen Sie nicht allein mit diesem Buch bleiben, suchen Sie sich einen erfahrenen Trainer, einige andere Hund-Mensch-Teams und einen wöchentlich festen Termin: Suchen Sie sich eine Hundeschule! Gut ist die Hundeschule dann, wenn sie vor allem den Menschen mit viel Hintergrundinformationen und Hinweisen ausbildet und erklärt, wie Sie mit Ihrem Hund besser zurechtkommen. Wie Sie die Richtige finden? Sich umhören (und im Service-Kapitel weiterlesen), ausprobieren und immer auf Ihr Bauchgefühl hören!

Aufmerksamkeit!

Das Geheimnis des Erziehungserfolgs: Aufmerksamkeit. Wenn Ihr Hund an der Leine, zu Hause oder beim freien Laufen immer wieder zu Ihnen schaut, haben Sie gewonnen. Ihr Hund schenkt Ihnen unaufgefordert seine Aufmerksamkeit und sucht damit den Austausch mit Ihnen. Damit Sie das erreichen und bewusst herbeiführen können, belohnen Sie jeden Blick Ihres Hundes zu Ihnen. Führen Sie gleichzeitig ein deutliches Signalwort ein wie „Schau!". Können Sie mit „Schau!" sofort den Kontakt zu Ihrem Hund herstellen, wird er Ihnen freudig folgen.

Leinen-Spaß!

Ab heute verstehen wir die Leine als Verbindungsschnur. Nicht rucken oder zerren, sondern ein lockeres, entspanntes Mit- und Nebeneinander ist gefragt. Mit der Leine halten Sie Ihren Hund nicht zurück, sondern durch die Leine halten Sie und Ihr Hund zusammen. Wenn Ihr Hund kein Leinenfreund ist, ändern Sie seine Einstellung – spielen Sie angeleint: Ihr Hund kann den Ball mit dem Maul fangen, Sie können zusammen einen kurzen Sprint einlegen, er kann eine Leckerli-Duftspur erschnuppern. Also, Leine dran und Spaßprogramm!

Hunde-Logik

Was denkt mein Hund? Vergessen Sie diese Frage. Konzentrieren wir uns auf das Verhalten. Exzellent erforscht und immer wieder neu unter Beobachtung haben namhafte Fachleute zusammengestellt, was man „Hundelogik" nennen kann (s. Service-Kapitel). Man weiß, Hunde entscheiden bei ihrem Verhalten nach einfachen Kriterien: Sicherheit oder Gefahr, Angriff oder Flucht, Freude oder Schmerz. Aufgrund dieser Einschätzungen verhalten sie sich. Einen Hund zu erziehen heißt, das spontane Verhalten bewusst und langfristig zu ändern. Das ist Ihnen zu theoretisch? Keine Sorge, hier bekommen Sie viele praktische Tipps. Und doch ist es wichtig, dass wir am oberen Ende der Leine das richtige Hintergrundwissen haben.

Bestechung oder wie?

Ich sage es gleich glatt heraus: Hunde sind und bleiben und waren schon immer Egoisten. Sie folgen uns keinesfalls, um uns zu gefallen. Sie tun es für Ihren Vorteil, für eine Belohnung. Das kann Futter sein, ein tolles Spiel, Streicheleinheiten oder einfach Aufmerksamkeit. Nutzen Sie gerade die Futterlust Ihres Hundes und machen Sie daraus echten Lerneifer.

Domi ... was?

Da liegt er nun, und zeigt ganz deutlich ... wie gut es ihm gefällt. Nicht mehr und nicht weniger bedeutet es, wenn ein Hund gemütlich auf einem Sofa ümmelt. Mit Dominanz hat das nichts zu tun. Möchten Sie Ihren Hund nicht auf dem Sofa, geben Sie ihm einen netten Liegeplatz direkt daneben und schließen Sie die Tür zum Wohnzimmer, wenn Sie das Haus verlassen.

Vorbild oder egal?

„Unser Welpe hat gleich von unserem alten Hund allen Unsinn gelernt“, sagte jüngst ein anderer Hundebesitzer zu mir. Ich lächelte und dachte: „Leider geht das nicht.“ Hunde lernen weder durch Einsicht noch durch Abgucken. Die Erfahrung vieler Besitzer von zwei oder mehr Hunden zeigt das Lernen durch „soziale Anregung“. Sabine Winkler erklärt das in Ihrem Buch „So lernt mein Hund“ sehr gut: „Manchmal lernt ein Hund durch soziale Anregung nur den Ort oder das Objekt kennen, an dem es sich lohnt, ein bestimmtes instinktiv verankertes Verhalten auszuführen – z. B. wo es Wild zu hetzen oder Abfalleimer zu plündern gibt.“ Das heißt: Wenn junge Hunde alten Hunden folgen, machen sie ähnliche Erfahrungen. Also, je besser Ihr erster Hund erzogen ist, desto weniger macht er Ihren zweiten Hund mit Unsinn bekannt!

War was ...?

Der „Trick 17“ aus der Hundeerziehung: das Ignorieren. Hat Ihr Hund seine Nase bei den Mahlzeiten immer direkt am Esstisch? Schauen Sie weg, sagen Sie kein Wort und drehen Sie sich deutlich mit dem ganzen Körper von Ihrem Hund weg. Das zeigt Ihrem Hund: So kommt er nicht zum Ziel. Und hat Ihr Hund keinen Erfolg, lässt er das Betteln, Spielzeuganschleppen und Ähnliches zukünftig bleiben. Tatsächlich, so einfach geht es, wenn Sie konsequent bleiben. Noch besser klappt es, wenn Sie anschließend das gewünschte Verhalten belohnen. Ein Beispiel: Nachdem Sie das Betteln Ihres Hundes am Tisch ignoriert haben, trollt er sich ins Körbchen und legt sich hin. Dann gehen Sie hin und geben ihm einen Hunde-Leckerbissen. „Aha, an meinem Platz hab ich Erfolg!“

Hunde-Sprache

Rute, Schnauze, Kopf, Augen – alles, was dem Hund zur Verfügung steht, setzt er für eine ganz eindeutige Körpersprache ein. Wer dafür ein Auge hat, dem wird es in Zukunft nicht mehr entgehen, wenn Rex dem Pluto bereits von Weitem klar macht: „Ich bin Dir friedlich gesonnen", indem er sich klein macht oder angestrengt schnüffelt. Besonders genau unter die Lupe genommen hat das Turid Rugaas und diese hündischen Gesten „Beschwichtigungssignale" getauft, denn das ist ihre Aufgabe: den anderen schon von Weitem in Sicherheit zu wiegen. Also, Körperhaltungen, Zähne zeigen oder Ohren senken – alles hat Bedeutung und wird unter gut sozialisierten Hunden perfekt verstanden. Und wir Menschen können „mitreden"!

Hör mir zu!

Ein neuer Werbespruch „Knurrt der Hund, freut sich der Mensch." Denn: Das Knurren ist ein eindeutiges Warnsignal, auf das man reagieren kann, um die Situation zu entschärfen. So haben alle Lautäußerungen vom Hund eine „Botschaft". Das Heulen ruft das Rudel zusammen, schafft Zusammenhalt. Und das Bellen hat viele Funktionen. Es gibt das Bellen um Aufmerksamkeit, z. B. wenn der Hund in den Garten will. Es gibt das Bellen als Ausdruck von Aggression oder zum Imponieren gegenüber anderen Hunden. Es gibt das warnende Signalbellen. Gerade am Zaun bellen sich manche Hunde mehr und mehr in Rage. Darum ein Tipp: Lassen Sie Ihren Zaunbeller nicht allein in den Garten. Er ist sowieso lieber dort, wo sein Rudel ist. Gelangweilt im Garten geht die Bellerei erst richtig los.

Wedeln = freuen?

Als Kinder haben wir gehört, dass Hunde, die mit der Rute wedeln, freundlich und freudig sind. Sagen Sie ab heute: „Schaut genauer hin!“ Wedelt ein Hund mit der Rute auf Popohöhe schnell hin und her, ist es tatsächlich das freundliche Wedeln. Bewegt sich die hoch aufgerichtete Rute nur sehr langsam, signalisiert der Hund, er möchte in Ruhe gelassen werden.

Rituale im Rudel

Die Begrüßung unter Hunden ist ritualisiert: ruhig, zurückhaltend, mit angelegten Ohren und niedriger Rute. Dann wird sich beschnüffelt – und das gehört zum guten Ton. Menschliche Begrüßungen mit lächelndem Zähnezeigen und überbeugendem Streicheln sind aus Hundesicht völlig unhöflich. Besser: Hinhocken, direkten Blickkontakt meiden und den Hund kommen lassen.

Beschwichtigungssignale

... nutzt der Hund, um sich oder einer Situation den Stress zu nehmen. So kommt es, dass Hunde sich uns in den Weg stellen, sind wir hektisch. Oder sie klappen Ohren und Rute ein und zeigen eindeutig, dass sie überfordert sind. Bevor man trainiert, sollte der Hund entspannt sein.

Hunde-Entwicklung

Das Gewicht und die Größe des Hundes sehen wir im ersten Lebensjahr rasant anwachsen. Eben noch winziger Welpe und in nur zwölf Monaten ein Pfundskerl. Da ist „Mutter Natur“ ganz schön flott! Noch schneller verläuft die Entwicklung des Hundes, geht es um die Phase der völligen Offenheit: die Sozialisation. Sie beschränkt sich auf die ersten drei (bis fünf) Lebensmonate. Dr. Ian Dunbar hat ausführlich erarbeitet, wie wir unseren Welpen im Kopf fit machen. Das Geheimnis sind positive Erfahrungen mit allen Details der Umgebung. Die „Kennenlern-Liste“ ist lang, die Verantwortung des Welpenbesitzers groß – doch das Ergebnis ist ein Traum: ein charakterstarker, sympathischer und perfekt sozial verträglicher Hund.

Der gute Züchter!

Verantwortungsvolle Züchter wissen: Was ein Welpe in den ersten Lebenswochen bei ihm kennenlernt, prägt ihn für sein Leben. Darum darf das unwiderstehlich knuffige Knäuel aus Hundewelpen mitten in seinem Haus sein. Nur dort lernt der Hundenachwuchs alles kennen, was auch in Ihrem Haushalt dazugehört: Staubsauger, Türklingel, fremde Kinder und neue Erwachsene, Garten samt vorbeifahrender Autos, Radfahrer und Motorräder, Fernseher und Fressen aus dem Napf. Die Welpen haben dabei selbstverständlich engen Kontakt mit ihrer Mutter und mit anderen erwachsenen Hunden. Bei Ihnen im Alter von zehn oder zwölf Wochen angekommen, geht das Lernen sofort weiter. Denn: Die Uhr tickt und in wenigen Wochen schließt sich das Fenster der völligen Offenheit.

Bleiben Sie dran! Laden Sie Bekannte ein, sich mit dem Welpen zu beschäftigen, gerade auch Kinder oder Männer mit Hut. Natürlich müssen Sie immer darauf achten, dass es Ihrem Welpen bei der Begegnung mit Neuem wirklich gut geht, er sich wohl fühlt (achten Sie auf die Körpersprache!) und Sie ihn nicht überfordern.

Das richtige Spiel, …

Welpen stolpern oder stürmen – je nach Temperament – in ihr Leben und finden alles spannend. Im Spiel mit Wurfgeschwistern lernen Sie wichtige Fertigkeiten und soziales Verhalten. Doch auch das Spiel mit dem Menschen ist wichtig!

… der richtige Spaß!

Nutzen Sie den Spieltrieb! Bälle, Wurfscheiben oder Seile – alles ist ideal, um mit dem Hund spielerisch zum Team zu werden. Spiele werden ein Motivationsbringer beim Training. Spielend können Sie Ihren Hund körperlich und im Kopf auslasten.

Wahllos Kauen!

Bis ihr Zahnwechsel vollzogen ist, brauchen Welpen etwas zwischen die Zähne – egal was. Sie brauchen das Kauen auch, um Stress abzubauen, z. B. beim Alleinbleiben. Ihrem Welpen Kauspielzeuge anzubieten, ist also ein Muss: Taue zum Nagen, gefüllte Kongs und Kauknochen. Je mehr Welpen und auch erwachsene Hunde ihren Kaudrang an Spielzeugen auslassen, desto besser für Ihre Einrichtung und Ihre Schuhe.

Fit im Alltag

Sie wünschen sich in Ihrem Hund einen liebenswerten Begleiter im Alltag. In diesem Moment fängt die Erziehung an. Tatsächlich müssen Sie Ihrem Hund beibringen, was er in Alltagssituationen machen soll. Hat er die Wahl, tut er, was ihm Aufmerksamkeit, Futter und andere Erfolge bringt: Anspringen von Besuchern, Essen klauen, Postboten verbellen, Joggern hinterhersprinten. Zeigen Sie Ihrem Hund, wie er sich verhalten soll – und belohnen Sie ihn dafür. Hunde können alles mit Freude lernen, sie wollen nur sicher gehen, dass wir es ernst meinen.

„Ich kann warten!“

Was macht der Hund, ist sein Besitzer abgelenkt? Überlassen Sie die Entscheidung nicht dem Hund: lieber rufen, anleinen und ins „Platz-bleib!“ schicken (s. Kapitel 3). Während Sie sich unterhalten, legen Sie Ihrem Hund hin und wieder ein gutes Leckerli hin, damit es sich lohnt, bei Ihnen zu liegen.

„Ich bin gleich dran!“

Sie kommen nach Hause, die Hände voll Taschen. Sie sagen: „Platz – Du bist gleich dran!“, und bringen die Einkäufe weg, dann erst wird der Hund begrüßt. So vermeiden Sie, dass er Ihnen ständig vor die Füße läuft. Übrigens: Je ruhiger Ihr Kommen ist, desto weniger regt sich der Hund auf.

„Das mach ich!“

Ihr Hund hat ein hohes Maß an Lernbereitschaft und auch an sozialer Intelligenz. Er will aktiv mit Ihnen leben. Geben Sie Ihrem Hund also kleine Aufgaben – zum Beispiel das Tragen des Schlüssels, der Zeitung oder Ihrer Hausschuhe. Sie können Ihrem Hund so viel beibringen, Sie werden überrascht sein!

„Streicheln ist okay!“

Nicht alle Kinder fragen, ob sie Ihren Hund anfassen dürfen. Viele rennen auf den fremden Hund zu und streicheln ihn. Bereiten Sie Ihren Hund gut darauf vor. Fragen Sie fremde Kinder, ob sie dem Hund ein Leckerli geben möchten. Dazu sollte Ihr Hund sich hinsetzen. So merkt er, von Kindern geht Gutes aus. Viele Hunde sind gern mit Kindern zusammen, doch das trifft nicht automatisch auf jeden Hund zu. Hat er in seiner Prägephase schlechte (oder gar keine) Erfahrungen mit Kindern gemacht, kann er unsicher im Umgang mit den kleinen Menschen sein – das kann gefährlich werden. Darum: Lassen Sie Kind und Hund nie allein und bleiben Sie dabei oder sorgen Sie dafür, dass Ihr Hund immer mit Ihnen kommt! Die Gesundheit und Sicherheit des Kindes steht – bei aller Hundeliebe und Hundebegeisterung – immer an erster Stelle.

Der 1. Tag

Hurra, der neue Hund kommt durch die Tür. Was nun? Lassen Sie es langsam angehen! Zeigen Sie Ihrem Hund, gerade wenn es ein Welpe ist, erst mal nur sein Körbchen oder seinen Liegeplatz. Bleiben Sie in seiner Nähe, wenn er sich langsam auf Entdeckungstour durch sein neues Zuhause macht. Manche Hunde wollen gleich jede Ecke erforschen, andere legen sich lieber hin und schauen sich die neue Umgebung vom sicheren Platz aus an. Denken Sie daran: Wenn es Tabu-Räume gibt, wie Kinderzimmer oder Küche, heißt es auch für den süßen Welpen: draußen bleiben! Draußen bleiben heißt es auch für liebe neugierige Freunde. Ihr Hund hat genug damit zu tun, Sie kennenzulernen. Warten Sie noch ein paar Tage mit Besuch.

Schlaf gut!

Wählen Sie einen festen Liegeplatz aus. Hierhin tragen Sie den Welpen zum Schlafen. Helfen Sie Ihrem Hund, zur Ruhe zu kommen.

Guten Appetit!

Ob Ihr Hund vor oder nach Ihnen isst, ist ganz egal. Wichtig ist, dass Sie das Futter freigeben – ab dem ersten Tag. Sagen Sie „Okay!“ und der Hund darf fressen.

Guten Weg!

Ihr Hund zieht? Probieren Sie es so: Sobald Ihr Hund nach vorn stürmt und sich die Leine strafft, bleiben Sie wie angewurzelt stehen. Erst wenn die Leine wieder locker ist, geht es weiter. Ja, das Üben braucht Geduld, doch es kostet Sie viel mehr Nerven (und starke Arme), für immer einen Leinenzieher zu haben – und erwachsene Hunde haben richtig Kraft!

WUSSTEN SIE?

- Für Ihren Hund brauchen Sie nicht das „dominante Alpha-Tier“ zu spielen. Sie sind weder Wolf noch Hund. Sehen Sie sich eher als fürsorgliche Eltern, die Grenzen setzen und konsequent erziehen.

Gute Laune!

Ob an der Leine oder ohne, ob zu Hause oder beim Spaziergang – haben Sie immer ein Spielzeug in Reichweite. Es gibt nichts Schöneres für ein tolles Miteinander als das Spiel. Ideal sind Spielzeuge an der Schnur, bei denen Sie und Ihr Hund direkt in Kontakt bleiben. Man kann sie herrlich weit werfen und prima in den Ästen von Büschen verstecken. Welpen haben sehr viel Energie, die ausgelebt werden muss, am besten mit Ihnen zusammen.

Vom ersten Tag an gilt die Regel: Das Spielzeug gehört dem Menschen. Sie sind es, der das Spiel beginnt und beendet. Und bei Welpen bauen Sie kurze Spielpausen ein. Ihr Hund muss auch lernen, souverän mit Aufregung umzugehen. So wird das Spiel zum kontrollierten Spaß, der allen gute Laune macht – bei jedem Wetter!

Stubenrein

Ihr Welpe ist tatsächlich ein Baby – nur ohne Windel und viel, viel schneller erwachsen und ausgewachsen, als menschlicher Nachwuchs. Trotzdem ist er ein Baby, das seine Blase noch nicht perfekt kontrollieren kann. Stubenreinheit ist also unser erster Job, kommt ein Welpe ins Haus. Denken Sie an kurze „Pinkelgänge" nach dem Füttern und wenn Ihr Hund gerade viel getrunken oder er lange geschlafen hat. Finden Sie aber in Haus oder Wohnung einen „See" oder andere Hinterlassenschaften, fragen Sie sich, was Sie falsch gemacht haben. Meine Vermutung: Sie haben nicht genug auf Ihren Welpen aufgepasst, leider! Sie müssen Ihren Welpen immer im Blick haben, dazu gibt es keine Alternative.

Jetzt raus!

Haben Sie Ihren Welpen im Blick, sind Sie schnell auf der sicheren Seite, denn: Ihr Hund zeigt auch schon als Welpe deutlich, wenn seine Blase voll ist. Er beginnt unruhig und intensiv am Boden zu schnüffeln. Sehen Sie das, gehen Sie sofort mit dem Hund hinaus zu seiner festen Lösestelle im Garten oder vor Ihrem Haus.

Endlich Erleichterung!

Nein, Ihr Rüdenwelpe wird eine Weile brauchen, bis er das Bein hebt und das typische Markieren zeigt. Doch: Alle Hundewelpen müssen häufig hinaus – anfangs stündlich. Allerdings lässt sich nach einem Welpen keine Uhr stellen. Gerade nach Essen, Aufwachen, nach (oder bei) Aufregung gehen Sie vorsichtshalber vor die Tür.

WUSSTEN SIE?

- Es gilt die Faustregel: Pro Lebensmonat hält der Welpe eine Stunde durch, bevor er muss. Also: Mit einem Monat müssen Sie stündlich raus, mit drei Monaten nur noch alle drei Stunden.
- Denken Sie daran: Gehen Sie immer an die gleiche „Lösestelle"!
- Erwachsene Hunde können ihre Bedürfnisse über sehr lange Zeiträume aufhalten, dann können Sie die Spaziergeh-Zeiten vorgeben – und nachts wieder durchschlafen.
- Belasten Sie die noch weichen Knochen und Gelenke des Welpen nicht zu sehr: nur kurze Spazierwege und kein Treppensteigen!

Hier lang!

Ganz wichtig: Benutzen Sie immer die gleiche Haus- oder Terrassentür, um mit dem Hund zum Lösen nach draußen zu gehen. Warum? Es wird die Tür werden, vor der Ihr Hund in Zukunft deutlich fiepend anzeigt, dass er hinaus muss.
Haben Sie es geschafft und Ihr Hund hat sich an der richtigen Stelle gelöst, heißt es: Ihren Hund loben. Das Prinzip der positiven Bestärkung hilft auch hier zum Erfolg. Darum: Unglücke im Haus wortlos wegwischen (und mit der aufgerollten Zeitung höchstens sich selbst vor die Stirn klopfen!). Das Lösen draußen belohnen. Übrigens: Führen Sie beim Lösen ein Signalwort ein, kann es Ihnen gelingen, Ihren Hund sich in Zukunft aufs Wort lösen zu lassen – sehr praktisch für kurze Pausen auf langen Autofahrten.

Alleinbleiben

Es ist keine Neuigkeit: Der Hund ist ein Rudeltier und Einsamkeit macht ihm sehr zu schaffen. Das können die Nachbarn meist gut hören! Trotzdem muss und kann ein Hund allein im Haus oder in Ihrer Wohnung zurechtkommen. Zeitspannen bis zu einigen Stunden bewältigt er souverän, wenn Sie das Alleinbleiben mit ihm langsam aufbauen und ihm zeigen, was er ohne Mensch machen soll. Schließlich: Ist der Mensch nicht da, amüsiert sich der Hund ohne ihn. Schlafend oder jaulend oder bellend oder kauend. Nutzen Sie die Lernbereitschaft Ihres Vierbeiners auch beim Thema Alleinbleiben! Und trotzdem der Hinweis: Lassen Sie Ihren Hund nicht täglich acht Stunden allein – finden Sie einen Hundesitter!

Der erste Schritt!

Schließen Sie zuerst nur eine Zimmertür. Akzeptiert er das, gehen Sie ohne ihn – ohne Vorbereitung – kurz aus dem Haus, schließen die Tür ab und kommen erst nach einer, dann nach zwei, fünf, zehn Minuten wieder. Jault oder bellt Ihr Hund, warten Sie mit dem Zurückkommen, bis zu einem stillen Moment. So belohnen Sie das Ruhigbleiben!

Echte Hilfe!

Eine Box ist toll: hier fühlt sich ein Hund wohl wie in einer kuscheligen Höhle. Darum wird er sich dort nicht lösen und fühlt sich geborgen. Der ideale Ort, um für eine kurze Zeit allein zu bleiben – samt Hundedecke, Kauspielzeug und Wassernapf. Gewöhnen Sie ihn von Anfang an daran, in seine Box zu gehen. Er wird sie lieben!

Das Erfolgsgeheimnis!

Der Hund ist allein? Ab sofort mit Spielzeug plus Genuss! Kauspielzeuge sind mit Futter gefüllte Spielzeuge: Bälle mit kleinen Öffnungen, durch die beim Rollen Trockenfutter herausfällt, oder Spielzeuge mit Hohlräumen (wie Kongs) gefüllt mit Nassfutter, Leberwurst oder mildem Streichkäse. Da hat Ihr Hund zu tun, bis Sie wieder da sind! Vielleicht frisst Ihr Hund aber vor Aufregung gar nichts. Dann bieten Sie ihm das gefüllte Kauspielzeug zunächst gezielt an, wenn Sie zu Hause sind und bleiben. So kann er beruhigt knabbern und schlemmen. Nach einiger Zeit probieren Sie es nochmals, ihm das gefüllte Spielzeug beim Alleinbleiben zu hinterlassen. Ideal ist es, wenn er mitbekommt, wie Sie es füllen, es aber erst bekommt, wenn Sie das Haus verlassen. Sie werden merken: Ihr Hund kann es kaum abwarten, dass Sie endlich gehen!

Das Ziel!

Feste Tagesabläufe helfen dem Hund, relaxt zu bleiben. Regelmäßigkeit und damit Verlässlichkeit gibt Hunden Sicherheit. Und: Bleiben auch Sie beim Abschied oder bei der Rückkehr ruhig. Für Hunde macht es als „gefühlte Abwesenheit" übrigens keinen Unterschied, ob Sie eine Stunde oder vier Stunden aus dem Haus sind. Man sagt, alles ab einer 3/4 Stunde ist für den Hund gleich lang. Mehr Zeitraum kann er laut Forschern nicht fassen. Schließlich leben Hunde im Hier und Jetzt. Denken Sie daran, vor dem Alleinbleiben mit dem Hund hinauszugehen. Falls Sie ihn dabei richtig auspowern wollen, geben Sie ihm nach dem Gang die Chance, erst wieder zu schläfriger Ruhe zu finden, bevor Sie die Tür hinter sich ins Schloss fallen lassen.

Begrüßung & Abschied

Junge Wölfe begrüßen wiederkehrende Rudelmitglieder stürmisch und durch Hochspringen. Ihr Ziel ist es, im Maul mitgebrachtes Futter zu ergattern, denn Sie haben Hunger. Unsere Hunde sind keine Wölfe und wir Menschen schon gar nicht. Es ist unser gutes Recht zu entscheiden, dass weder wir noch unsere Kinder oder Gäste angesprungen werden möchten. Darum ist es wichtig, am ersten Tag mit dem Training zu beginnen. Den Anfang machen wir Hundebesitzer, indem wir weder beim Begrüßen noch beim Verabschieden großes Aufheben machen. Verankern Sie in sich die Einstellung: Es ist selbstverständlich, dass ich komme und gehe. Da genügen ein freundliches, kurzes „Hallo!“ und ein fröhliches „Bis gleich!“

„Hallo!“

Ein Hund ist kein Mensch und muss zur Begrüßung weder Hand noch Pfote geben. Doch es ist eine große Hilfe im Alltag, hat man dem Hund für Begrüßungssituationen beigebracht, z. B. im „Sitz!“ Familie und Gäste zu erwarten. Das gibt auch hundeängstlichen Besuchern ein gutes Gefühl. Üben Sie das zu zweit und an der Leine!

„Bis gleich!“

Geben Sie Ihrem Hund keine Chance, sehnsüchtig zum losfahrenden Auto zu blicken. Bereiten Sie schon eine Weile vor Ihrem Weggehen ein oder zwei gefüllte Beschäftigungsspielzeuge vor – sodass der Duft z. B. von Leberwurst in Ihrem Hund die Vorfreude darauf weckt, dass Sie gleich endlich weg sind. Wirkt Wunder!

„Ich bin dran!“

Natürlich ist das Trainingsziel ein entspannter Hund bei Abschied und Begrüßung. Doch es ist auch wichtig, nach der Rückkehr Hundezeit einzuplanen: Zunächst lassen Sie ihn sich lösen, dann schenken Sie ihm durch ein kurzes Training, ein Spiel, einen Spaziergang Beachtung. Ihr Hund kann warten, wenn er weiß: Gleich bin ich dran!

„Nase voraus“

Legen Sie vor Ihrem Weggehen eine Leckerlispur durch zwei, drei Zimmer, an dessen Ende ein gefüllter Kong wartet. Das Suchen und Finden beschäftigt und belohnt ihn zugleich. Je mehr gerade Welpenbesitzer ihrem Hund zu tun geben, desto weniger stellt er an. Machen Sie Ihrem Hund einen Vorschlag, der Ihnen beiden gefällt!

WUSSTEN SIE?

▸ Freut sich Ihr Hund besonders, weil Sie zum Beispiel endlich nach Hause kommen, wedelt er deutlich mehr mit der Rute nach rechts als nach links.
Italienische Forscher begründen das mit den wechselnden Aktivitäten der zwei Gehirnhälften: Linkswedeln heißt Fluchtbereitschaft, Rechtswedeln heißt Bereitschaft zur Annäherung.
Ist Ihnen noch nicht aufgefallen? Gelingt auch nicht mit bloßem Auge – die Forscher nutzten natürlich die Zeitlupe!

Beißen

Schon mal die Zähne Ihres Hundes angeschaut? Er hat das Gebiss eines Rohfleischfressers: scharfe Zähne! Das heißt: Ihr Hund kann zubeißen, er kann mit seinem Biss verletzen. Natürlich, er wird es nicht tun, aber er kann und dafür hat er viel Kraft im ganzen Kiefer! Machen Sie sich das klar und erinnern Sie gerade Kinder daran, die gerne lebendige Hunde mit harmlosen Kuscheltieren gleichsetzen. Das sind sie nicht. Doch was Hunde sind: Wahre Alleslerner! Darum kann Ihr Hund lernen, beim Einsatz der Zähne besondere Vorsicht walten zu lassen. Überlassen Sie nichts dem Zufall: Trainieren Sie die Beißhemmung! Auch bei erwachsenen Hunden können Sie viel tun, damit sie mit Maul und Zähnen vorsichtiger sind.

Die gute Hand!

Aus Ihren Händen kommt Gutes: Füttern Sie ihn von Hand oder legen Sie mit der Hand immer mal wieder einen kleinen Brocken in den Hundenapf. Streicheln Sie Ihren Hund am Kopf, rund ums Maul und belohnen Sie ihn dabei. Menschenhände sind oft das erste, was gebissen wird: Üben Sie das Gegenteil!

Das direkte Aus!

Spielerisches Beißen? Akzeptieren Sie das niemals. Sagen Sie bei jedem Kontakt der Hundezähne mit Ihrer Haut deutlich „Aua!“ und wenden Sie sich ab, gehen Sie aus dem Zimmer – auch wenn Ihr Hund aus Versehen statt des Balls Ihre Finger erwischt hat: Es muss ein Misserfolg für Ihren Hund sein.

Vorsichtig!

An Kauknochen kann sich Ihr Hund jederzeit abreagieren. Ihre Haut ist Tabu – auch die Hand, die ihm Leckerlis zusteckt, bleibt immer ohne Zahnkontakt. Üben Sie mit ihm: Sie halten ein Leckerli in Ihrer Hand verborgen. Setzt er die Zähne ein, bleibt das Leckerli wo es ist und Sie ziehen die Hand weg und sagen „Aua!“ Stupst er Ihre Hand nur vorsichtig an, geben Sie das Leckerli zur Belohnung frei. Oder: Bei groben Leckerli-Nehmern legen Sie das Futter auf einen Esslöffel und halten es dabei mit den Fingern fest. Der Kontakt der Zähne mit dem Metall ist dem Hund unangenehm und er wird beim nächsten Mal das Leckerli ohne Zahneinsatz nehmen. Das können Sie immer nutzen, wenn Ihr Hund zu grob wird. Dabei führen Sie das Signalwort „Vorsichtig!“ ein, indem Sie es laut sagen, wenn er das Futter behutsam nimmt.

WUSSTEN SIE?

- Hunde werden zahnlos geboren.
- Der Wechsel zwischen Milch- und bleibenden Zähnen ist frühestens mit 6 Monaten abgeschlossen.
- Erwachsene Hunde haben 42 Zähne.
- Zahnprobleme zeigen sich oft durch Mundgeruch.

Die kluge Berührung!

Berühren Sie ihn rund um sein Maul, massieren Sie sanft sein Zahnfleisch. Das macht Ihrem Hund diesen Teil seines Kopfes bewusst, er lernt dessen Einsatz zu verfeinern. Soll Ihr Hund Ihre Jeans, Ihre Hand oder ein Spielzeug loslassen, legen Sie ihm eine Hand unter das Kinn und ziehen Sie es ruhig heraus.

Pflegen und Anfassen

Können Sie Ihren Hund überall anfassen, auch wenn er verletzt ist? Jein? Und wie verhält er sich, wenn Sie mit der drahtigen Bürste kommen – macht er sich aus dem Staub? Dann bringen Sie Ihrem Vierbeiner bei, Ihre Hände, Handtücher, Bürsten und Scheren überall an seinem Körper zu akzeptieren. Das sichert Ihnen den Zugriff, wenn ein Notfall eintritt oder Sie nach dem Spaziergang hartnäckige Kletten aus seinem Fell schneiden müssen. Lassen Sie Ihren Hund sehr gute Erfahrungen damit machen, dass Ihre Hände überall auf seinem Körper liegen und mit Hilfsmitteln aktiv sind. Trainieren Sie das Anfassen durch Wiederholung und den Einsatz von richtig guten Leckerlis, dann klappt es bei Tierarzt, Hundefrisör und auf dem Sofa.

Ganz entspannt!

Ziemlich entspannt finden wir einen Hund, der auf der Seite liegt – ziemlich großes Vertrauen zu seinem Menschen braucht er, um sich in dieser wehrlosen Haltung anfassen zu lassen. Genau das üben Sie ab heute: Befühlen Sie beim Streicheln ganz gezielt Beine, Pfoten, Bauch oder Hals. Gewöhnen Sie Ihren Hund daran!

Ganz wichtig!

Nach jedem Spaziergang: Werfen Sie einen aufmerksamen Blick unter die Hundepfoten und zwischen die Ballen, damit Ihnen kein Dorn, kein schmerzendes Steinchen entgeht. Das lernt Ihr Hund schneller, wenn Sie zu zweit üben (einer füttert, einer prüft) und indem Sie dafür ein Signalwort einführen wie „Pfote!".

Ganz schön!

Je länger und dichter das Fell ist, desto wichtiger wird, dass der Hund die Bürste und das Bürsten akzeptiert. Legen Sie zu Beginn Leckerlis auf die Bürste, die der Hund sich nehmen darf. Fangen Sie beim Pflegetraining mit einer weichen Bürste an, und auch wenn Sie zur Drahtbürste greifen, suchen Sie nach einem sanften Modell. Manche Drahtbürsten sind wirklich fies. Gibt es Kletten oder andere verknotete Stellen, greifen Sie lieber zur Schere, als es langwierig und evtl. schmerzhaft auszubürsten. Übrigens: Bürsten Sie immer draußen oder mitten im Raum, damit Ihr Hund sich nicht unangenehm in eine Ecke gedrängt fühlt. Vermeiden Sie es auch, sich stark über Ihren Hund zu beugen. Pflegen Sie ihn lieber Seite für Seite. Achten Sie darauf, dass auch der Hundefrisör liebevoll mit Ihrem Hund umgeht.

WUSSTEN SIE?

- Bei vielen rauhaarigen Rassen findet kein Fellwechsel statt. Sie gehen zum Trimmen zum Hundefrisör.
- Mit Händen oder Trimmmesser werden altes Fell und bestimmte neue Haare ausgezupft.
- Übrigens: Glänzendes Fell zeigt immer, dem Hund geht es gut!

Ganz normal!

Ohrenerkrankungen kann man sehen und riechen. Bei Entzündungen verändert sich der Ohrenduft ganz deutlich. Schauen Sie regelmäßig ins Hundeohr, wischen Sie es mit einem feuchten Tuch aus. Zum Üben kraulen Sie Ihren Hund zunächst hinterm Ohr, streichen Sie über das Ohr und dann erst schauen Sie hinein.

Hunde-Box

Nein, die brauche ich doch nicht: eine Kiste mit Gittern. Vergessen Sie diese menschlich verständliche Sichtweise einer Hundebox. Aus der Perspektive des Hundes ist sie ein willkommener Schutzraum. Rechts, links, oben, unten – überall angenehme Begrenzungen, für den Hund gemütlich wie eine Höhle. Gleichzeitig haben die Hunde dabei noch Ausblick und Einblick in alles, was um Sie herum geschieht. Besonders in Deutschland ist die Ablehnung gegenüber Hundeboxen sehr groß und es ist keine Frage, dass eine Box keine stundenlange Aufbewahrungslösung für einen Hund sein kann. Trotzdem ist sie ein Wohlfühl-Ruheort – gerade für Welpen. Probieren Sie es aus und machen Sie Ihre eigenen (bestimmt guten!) Erfahrungen.

Das Box-Training

Machen Sie es Ihrem Hund leicht: Legen Sie sein Lieblingskauspielzeug, Leckerlis und eine weiche Decke in die Box. Ihr Hund wird seiner Neugierde folgen und sich für dieses „Ding da“ interessieren. Loben Sie ihn für jeden Schritt zur und in die Box. Aber: Geben Sie ihm außerhalb der Box kein Leckerli.

Schließlich: Sie wollen ihm ja das Bleiben in der Box schmackhaft machen! Je nach Temperament gehen Hunde beim Kennenlernen sehr vorsichtig oder ganz problemlos in die Hundebox. Haben Sie Geduld, Ihr Hund wird vielleicht erst mal mit spitzen Lippen einige Leckerlis herausfischen. Werfen Sie darum die Leckerlis so weit nach hinten, dass Sie hören, wie sie an die Boxenrückwand klopfen.

WUSSTEN SIE?

- Es gibt Boxen tragbar, als Flug- oder Autobox und in jeder Größe.
- Wählen Sie für Ihren Hund die Box, in der er stehen und sich drehen kann.
- Welpen brauchen eine kleine Box, die auch prima in jedes Auto passt.
- Legen Sie eine Decke hinein.

Rein!

Er ist drin. Loben Sie Ihren Hund und legen Sie neue Leckerlis in die Box, um die Verweildauer zu erhöhen. Aber: Lassen Sie die Tür offen. Es ist eine Gewöhnung – kein Schnellkurs. Die Box steht nun offen im Haus. Sie werfen immer mal wieder Leckerlis hinein. Für Ihren Hund wird es täglich normaler, hineinzugehen – vielleicht auch dort zu schlafen.

Drin!

Ist die Box akzeptiert, schließen Sie die Tür der Box. Wie reagiert Ihr Hund? Nimmt er die Leckerlis an? Dann ist die geschlossene Box okay für ihn. Öffnen Sie die Tür trotzdem nach kurzer Zeit. Regt er sich auf, warten Sie, bis er wieder ruhiger ist und öffnen Sie dann direkt die Tür. Setzen Sie das Box-Training erst am nächsten Tag fort.

Bleib!

Führen Sie ein Signalwort ein, sobald Ihr Hund sicher in die Box geht, z. B. „Rein!" oder „In die Box!". Ein Tipp als „Vorspiel": Schließen Sie die Box samt duftend gefülltem Kauspielzeug vor der Hundenase. Ihr Hund wird es kaum erwarten können, endlich hineinzudürfen und genüsslich im Liegen Leckeres zu genießen.

Cool bleiben

Regenschirme, die sich öffnen, flatternde Folien, rollende Mülleimer, kreischende Sägen – sie umgeben uns mehr oder weniger täglich. Wir Menschen registrieren es und gehen damit um. Uns ist ja auch klar, wofür diese Dinge gut sind. Hunde staunen, fürchten sich oder wissen gar nicht, wie sie damit umgehen sollen. Darum: Gewöhnen Sie Ihren Hund vom ersten Tag an alles, was Ihr Alltag zu bieten hat. Einfach geht das in der Sozialisationsphase des Hundes im Alter bis zu 3 Monaten. Doch auch später kann man dem Hund viele Unsicherheiten durch Gewöhnungstraining nehmen. Das ist sinnvoller, als alles zu umgehen, wovor der Hund scheut. Besser, Sie haben einen selbstbewussten Hund – dank positiver Erfahrungen!

Irgendwie im Weg!

Ein Spaziergang mit Hund führt im Idealfall über Feldwege oder durch Wälder, aber oft genug auch entlang von Straßen. Das heißt: Sie gehen an neuen Gegenständen und Geräuschen vorbei, die der Hund erst kennenlernen muss. Zum Beispiel: Mal sind sie da, mal sind sie weg – die Mülleimer. Aus hündischer Perspektive überdimensional groß stehen sie auf Gehwegen herum und das nur manchmal. Unregelmäßigkeit ist nichts für Hunde. Hier ist Training gefragt: Legen Sie Leckerlis in die Nähe von Mülleimern. Dann gehen Sie immer wieder an den Mülleimern vorbei, bis Ihr Hund sich entspannt – aber bitte nicht so sehr, dass er sie markiert. Üben Sie in kurzen Zeiträumen, dann gehen Sie weiter. Die Mülleimer kommen schließlich jede Woche wieder raus.

Grundsätzlich können Sie mit einem Slalomlauf durch Ihre eigenen Mülleimer die Gewöhnung beschleunigen. So können Sie jedes Gewöhnungstraining aufbauen: Belohnen Sie die Annäherung, das an dem Gegenstand schnüffeln und dann das ganz normale Vorbeigehen – bis der Hund gar nicht mehr darauf reagiert.

Öffnen und schütteln!

Alles, was Sie mit einem Schirm machen können, muss für den Hund total normal werden. Einer hat den Hund an der Leine, der andere öffnet, schüttelt, schließt den Regenschirm. Bleibt der Hund cool, bitte sofort loben und Leckerli geben!

Knistert und raschelt!

Wenn irgendwo eine Folie im Wind raschelt: Hunde erschrecken sich. Machen wir unseren Hund mit Folien bekannt. Das Vorbeigehen an Raschelttüten und das Laufen über Folien ist ein Training, von dem man ein Hundeleben lang profitiert!

Komisch und laut!

Was der Mensch so alles schiebt, wundert den Hund: Karren für den Garten, die beim Beladen komisch blechern klingen oder auch Buggys fürs Kind. Leihen Sie sich eine Karre und verteilen Sie überall darin Leckerlis. Sie sich zu holen braucht Mut, dabei erfahren Hunde, dass davon keine Gefahr ausgeht. Und: Üben Sie an der gefüllten Karre oder am Buggy mit Kind locker vorbeizugehen.

Spielregeln

Arbeit und Spiel – Spaß und Ernst, Hunde unterscheiden das nicht, sie merken nur: Der Mensch beschäftigt sich mit mir, ich habe eine Aufgabe und er legt sich anschließend zufrieden aufs Ohr, um an seinem 16-Stunden-Schlafpensum „weiterzuarbeiten“. Das heißt, Spiele sind für Hunde anstrengend, weil sie gleichzeitig Aufmerksamkeit und Können verlangen.

Falls Sie weder Lust noch Zeit für Hundesport haben, spielen Sie mit Ihrem Hund und Sie haben den gleichen Effekt: Sie und Ihr Hund werden ein tolles Team und Ihr Hund wird mehrfach ausgelastet – der Kopf durch neue Aufgaben und geforderte Konzentration und der Körper durch die Steigerung der Kondition und hohe Anforderungen an die Koordination.

Alles da!

Natürlich haben Sie alles da, was Sie zum Spielen brauchen: Bälle mit und ohne Seil, Taue, Wurfscheiben und, und, und – und schauen Sie in Haus, Keller und am Wegesrand, was Sie nutzen können, um etwas Neues mit Ihrem Hund zu machen. Natürlich darf es nicht spitz sein oder unter den Hundezähnen splittern. Doch: Bevor Sie Spielzeug kaufen, spielen Sie ideenreich mit dem, was da ist. Schließlich sind dem Hund neue Spiele immer willkommen. Egal, was Sie machen, die wichtigste Regel ist, dass diese Spielzeuge dem Hund nicht frei zur Verfügung stehen. Wir Menschen holen sie raus – nicht der Hund. Wir beginnen und beenden jedes Spiel.

WUSSTEN SIE?

- Sprünge, Wendungen, Abbremsen – auch Hundemuskeln sind empfindlich.
- Aufwärmtraining: Rollen Sie Wurfscheiben am Boden oder joggen Sie ein Stück.
- Entspannung am Ende: Leckerlispur legen im Gras – eine dufte Aufgabe für die Hundenase.

Los geht's!

Ballwerfen? Langweilig: Dabei kommt das Teamwork zu kurz. Bringen Sie sich ins Spiel – beim Zerren um einen Ball an der Schnur. Oder: Verstecken Sie den Ball, dass der Hund Sie beobachten muss, bevor Sie ihn aus dem „Bleib!" mit dem Signalwort „Such!" erlösen. Ihre Fantasie oder gute Hundespielbücher bieten Abwechslung!

Zieh – feste!

Zerrspiele sind das perfekte Spiel: Sie stärken das Selbstbewusstsein des Hundes, man kann sie an der Leine machen oder als kurzes Belohnungsspiel einsetzen. Gleichzeitig bekommt der Hund ein konkretes Gefühl für seine Kraft. Und: Der Hund kann Frust und Energie beim Zerren loswerden, das auf „Aus!" sofort beendet wird.

Warte!

Eine wichtige Spielregel ist, dass der Hund nicht einfach nach einem Spielzeug schnappt, bevor Sie spielbereit sind. Trainieren Sie, indem Sie zunächst das Spielzeug hinlegen und dem Hund warnend „Warte!" sagen. Wartet er ab, führen Sie das Spielzeug näher an sein Maul, ohne dass er es sich schnappen darf. Belohnung ist das Auflösungssignal: „Nimm es!"

Hundeschule 1 x 1

Fahren Sie mit Ihrem Hund Rad, steigern Sie die Zahl der Kilometer von Woche zu Woche. Trainieren Sie mit Ihrem Hund von „Sitz!" bis Tricks, erhöhen Sie die Anforderungen ebenfalls langsam – damit auch seine Konzentrationsfähigkeit. Wie machen Sie das? Sie beginnen mit sehr kurzen Trainingseinheiten, über die Woche locker verteilt. Einige Wiederholungen – fertig! Lässt die Aufmerksamkeit nach, verlangen Sie als gelungenen Abschluss etwas Einfaches, für das Sie Ihren Hund loben können – und trainieren Sie später mit neuem Schwung weiter.

Bitte eine Aufgabe!

In jedem Alter hat Ihr Hund Spaß am Lernen. Und beim Trainieren ändern Sie das Verhalten, das Ihnen nicht gefällt. Machen Sie Ihrem Hund klar, was er stattdessen tun soll und belohnen Sie ihn dafür. Ein Hund ist eine Lebensaufgabe – eine wunderbare!

Wir schaffen das!

Hundeschule ist immer zuerst Menschenschule. Wir lernen, wie ein Hund lernt, wir beobachten, wie unser Hund reagiert, was er schnell versteht. So wird das Training für Zwei- und Vierbeiner ein Erfolgserlebnis, das man gerne täglich wiederholt.

Ich passe auf!

Hunde schauen uns nicht an und denken dabei ans letzte Fußballspiel. Ihr Blick zeigt, Ihre volle Aufmerksamkeit ist bei uns. Verlangen Sie am Trainingsanfang nur leichte Lektionen, um dem Hund Selbstvertrauen für die nächste Herausforderung zu geben.

Schau mich an!

Blickkontakt wird unter Hunden eher bewusst vermieden. Doch für das Mensch-Hund-Teamwork ist es unerlässlich, sich die Aufmerksamkeit und damit den Blick des Hundes zu sichern. Also, direkt belohnen, wenn Ihr Hund zu Ihnen schaut.

WUSSTEN SIE?

- Motivation für den Hund ist Futter, Spiel und Lob bzw. die Aufmerksamkeit des Menschen. Zum Lernen braucht man neben Motivation eine positive, fröhliche Grundstimmung.
- Darum: Verabschieden Sie sich vom Wort „Kommandos“ und nutzen Sie „Signale“. Das Wort „Sitz!“ (evtl. zusammen mit einem Handzeichen wie dem erhobenen Zeigefinger) ist also ein Signal für den Hund, seinen Po zum Boden zu bewegen.
- Klappt nicht? Ruhig bleiben, nichts sagen – einfach noch mal üben. So bleibt auch die gute Laune bei uns Menschen erhalten …
- Motivation fürs nächste Training gibt man ganz einfach so: Immer mit einer leichten Übung, also einem Erfolgserlebnis aufhören.

Sitz!

„Sitz!“ gehört zu den am häufigsten verwendeten Signalworten für den Hund. Es ist auch so praktisch – beim Anleinen, vorm Füttern, an der Ampel, beim Pflegen oder wenn man die Aufmerksamkeit des Hundes möchte. Man kann es im Alltag ständig einsetzen. Ein weiterer Vorteil: Der Hund lernt das „Sitz!“ schnell, da es seinem natürlichen Verhalten entspricht, sich auf seinen Po zu setzen. Darum zeigt er „Sitz!“, hat er es einmal richtig gelernt, in der Regel zuverlässig in allen Situationen, Umgebungen und als „Sitz-bleib!“ auch über eine lange Dauer. Das Training mit dem „Sitz!“ zu beginnen, ist der beste Start. Also, Sie haben keine Ausrede mehr: Üben Sie es jetzt und freuen Sie sich auf den Lernerfolg!

Schritt 1 zum „Sitz!“

Ihr Hund steht vor Ihnen. Führen Sie das Leckerli dicht über der Hundenase hinweg nach hinten. Ihr Hund wird den Kopf ein Stück nach hinten nehmen und dabei wie automatisch den Po auf den Boden senken. In dem Moment: Lob und Leckerli. Außer „Gut gemacht!“ sagen Sie nichts. Wiederholen Sie die Übung.

Schritt 2 zum „Sitz!“

Ihr Hund senkt zuverlässig den Po, sobald Sie das Leckerli über seinen Kopf führen. Jetzt kommt das Signalwort „Sitz!“. Das heißt: Sie sagen ein langgezogenes „Siiitz!“, während Ihr Hund den Po senkt – zeitgleich mit dem richtigen Verhalten. Anschließend: Lob und Leckerli. Mehrfach wiederholen!

Schritt 3 zum „Sitz!“

Jetzt gehen Sie den nächsten Schritt und stellen das Signalwort „Sitz!“ voran. Halten Sie das Leckerli nur noch bereit, ohne es über den Kopf zu führen. Hat Ihr Hund das Wort inzwischen mit dem Handeln verknüpft und setzt sich prompt – aufs Wort. Geklappt? Lob, Leckerli und freuen Sie sich richtig! Nicht geklappt? Gehen Sie ohne Schimpferei einen Schritt zurück.

Überall ins „Sitz!“

In der Übungsumgebung ist das „Sitz!“ nun gelernt. Nutzen Sie es jetzt im Alltag, wann immer es Ihnen einfällt. Halten Sie dafür stets Leckerlis in den Taschen bereit. Später genügt es, nur noch hin und wieder das „Sitz!“ zu belohnen. Und lassen Sie andere Menschen dem Hund dieses Signal geben oder kombinieren Sie es mit anderen Signalen – ganz spielerisch.

Schritt 4 – die Geste

Nutzen Sie eine Geste, um Ihr Signalwort „Sitz!“ sichtbar zu machen. Das Handzeichen für „Sitz!“ ist meist der gehobene Zeigefinger. Sie bringen es Ihrem Hund bei, indem Sie gleichzeitig mit dem Aussprechen des Wortes „Sitz!“ den Zeigefinger heben und vor sich halten, sodass Ihr Hund ihn gut sieht. Fertig!

„Sitz!“ für Fortgeschrittene

Klasse, dass bei Ihnen Sitz gut gelingt. Doch: So leicht es uns vorkommt, „Sitz!“ auszuführen, so schwierig ist es manchmal für unseren Trainingspartner Hund. Zum Beispiel, wenn man aus Entfernung den Hund ins „Sitz!“ schicken möchte oder er sitzen bleiben soll, während ein anderer Hund vorbeigeht oder wir uns entfernen und sogar aus dem Blickfeld gehen.

All diese Anforderungen sind für den Hund neu und wir müssen sie im Training Stück für Stück aufbauen. Klar, er wird es schnell kapieren, aber zuerst muss der Hund wissen, was wir von ihm wollen. Man sagt, ein Hund hat ein Signal nur dann wirklich gelernt, wenn er es immer, überall und sofort zeigt. Also, bleiben wir dran und üben weiter!

„Sitz – bleib!“ geht so

Grundsätzlich soll Ihr Hund sitzen bleiben, bis Sie das Signal mit Ihrem Auflösewort „Okay!“ beenden. Sitzt Ihr Hund, machen Sie zunächst nur einen, dann zwei, drei, mehrere Schritte nach hinten. Lösen Sie das Signal erst auf, wenn Sie wieder beim Hund sind. Sonst sitzt er wie auf „heißen Kohlen“.

„Sitz!“ auf Distanz

Geben Sie Ihrem Hund – angeleint oder frei – immer wieder das Signal „Sitz!“, ohne direkt neben oder vor Ihrem Hund zu stehen. Das Ziel ist, dass sich Ihr Hund sofort hinsetzt, ohne erst zu Ihnen zu laufen. Damit erreichen Sie auch, dass Ihr Hund stets neu auf Sie achtet.

Verwechslungsgefahr!

„Sitz!“ und „Platz!“ werden dem Hund traditionell zuerst beigebracht – wie in diesem Ratgeber findet man sie überall als erste Signale für jeden Welpen. Das führt bei uns Besitzern meist dazu, dass wir den Hund im Training ohne Umschweife vom „Sitz!“ ins „Platz!“ schicken. Immer wieder hoch und runter und runter und hoch. Was dann passieren kann: Sie geben das Signal für „Sitz!“, Ihr Hund zeigt aber „Platz!“ oder er rutscht schon vor Ihrem „Platz!“-Signal eigenständig aus dem Sitzen auf den Boden. Ihr Hund verwechselt die Signale. Wundern Sie sich also nicht, falls Ihnen das passiert. Reagieren Sie lieber mit Köpfchen. Das heißt: Trainieren Sie die beiden Signale unabhängig voneinander – mit dem Auflösewort „Okay!“ und einem ganz anderen Signal oder einem kurzen Spiel dazwischen.

Zu schnell & schneller!

Ihr Hund zeigt Ihnen, ob Sie beim Training zu schnell waren. Reagiert er nicht auf Ihr Signal, fangen Sie bei Schritt 1 zum „Sitz!“ noch einmal an – gerade wenn Sie in einer Umgebung mit viel Ablenkung, wie anderen Hunden, üben. Es kann aber auch sein, dass Ihr Hund sich angewöhnt hat, sich erst nach einer Weile hinzusetzen. Das schleicht sich oft mit der Zeit ein. Wir Menschen neigen dann dazu, das Signalwort immer häufiger hintereinander zu sagen oder weitere Worte hinzuzufügen: „Sitz! Siiiitz! Setz Dich, Du sollst Dich hinsetzen…“ Lassen Sie das! Sagen Sie einmal „Sitz!“ und belohnen Sie Ihren Hund ganz konsequent nur noch, wenn er prompt reagiert. Tut er nichts, sagen Sie neutral „Schade!“ und packen Sie die Leckerlis demonstrativ weg. Ihr Hund wird sich in Zukunft beeilen!

„Platz!“

Mein Lieblingssignal ist „Platz!“. Warum? Meinen sehr aktiven Hund zu sehen, wie er ruhig daliegt und auf mich achtet, gibt mir das gute Gefühl, ich habe die Situation unter Kontrolle. Meine Umgebung findet das auch gut – wie der Jogger oder die mich und meinen Hund schon von Weitem kritisch musternde Mutter mit kleinen Kindern. Im „Platz!“ bzw. „Platz-bleib!“ strahlt mein Hund sein herrlich freundliches Wesen aus und ist dabei hellwach. Übrigens: Achten Sie beim „Platz!“ ein wenig auf die korrekte Ausführung, zum Beispiel sollte Ihr Hund gerade daliegen mit beiden Pfoten nach vorne und nicht zur Seite wegrutschen (Mehr dazu auf den nächsten Seiten!). Und: Gelernt wird „Platz!“ schnell!

Schritt 1 zum „Platz!“

Ihr Hund steht vor Ihnen und Sie legen für ihn sichtbar ein Leckerli unter Ihre Hand (gehalten vom Daumen). Vor seiner Nase führen Sie nun Ihre Hand zu Boden. Um an das Futterstück zu kommen, wird er sich auch zu Boden begeben. Legt er sich hin, geben Sie das Leckerli unter Ihrer Hand frei.

Schritt 2 zum „Platz!“

Wiederholen Sie Schritt 1 mehrfach und schweigen Sie dabei – bis auf das Ende: freudiges Lob vom Menschen. im 2. Schritt sagen Sie das neue Signalwort „Platz!“ ruhig als langgezogenes „Plaahaatz!“, während Ihr Hund sich hinlegt und Ihrer Hand auf den Boden folgt.

Schritt 3 zum „Platz!“

Beim dritten Schritt folgen zwei kleine Änderungen: Zunächst deuten Sie die Handbewegung zum Boden nur noch an, also führen die Hand nur ein Stückchen nach unten. Legt sich Ihr Hund trotzdem hin? Super! Dann sagen Sie das Signalwort „Platz!“, ohne das Leckerli zu zeigen. Legt Ihr Hund sich auch jetzt prompt hin, hat er sich großes Lob und ganz viel Leckerli verdient. Denn: Er hat das Signalwort mit seinem Verhalten verknüpft, er hat „Platz!“ gelernt! Ein Tipp: Sind Sie Besitzer eines sehr kleinen Hundes, üben Sie „Platz!“ am oberen Absatz einer Treppe, damit Ihr Kleiner an das Leckerli nicht nur durch Kopfsenken kommt. Ihre flache Hand mit dem Leckerli legen Sie nun auf der ersten Stufe ab. So muss auch Ihr kleiner Hund wirklich mit dem ganzen Körper hinuntergehen.

Schritt 4 – die Geste

Passend zum Anfangstraining hat es sich bewährt, als Geste für das Signal „Platz!“ die flach ausgestreckte Hand zu verwenden. Da Hunde sehr auf die Körpersprache achten, hilft ein solches Handzeichen dem Hund, eindeutig zu verstehen, was wir von ihm wollen. Diese Geste zeigen Sie nun jedes Mal, wenn Sie „Platz!“ sagen. Durch Handzeichen können Sie mit Ihrem Hund auch wortlos kommunizieren, indem Sie für ihn nur die Zeichen machen und ansonsten schweigen. Dann kann man sich lauten Stimmeinsatz sparen. Die Voraussetzung dafür ist natürlich, dass Ihr Hund Sie anschaut und sich in dem Moment auf Sie konzentriert. Generell sind Signalgesten aber als Unterstützung für das jeweilige Wort gedacht und sind darum zusammen zu verwenden.

„Platz!" für Fortgeschrittene

Oft sind es kleine Fehlerchen, auch beim „Platz!", bei denen wir keine Lust haben, sie zu korrigieren. Ob der Hund zu weit zur Seite liegt, erscheint uns unwichtig, wir wollen ja keine Wettbewerbe gewinnen, sondern nur einen reibungslosen Alltag. Der Hund schenkt Kleinigkeiten große Bedeutung. Er merkt: Wir sind nicht 100%-ig bei der Sache. Warum soll er es sein? Und wir können ihm ja nichts erklären über unsere zerstreute Stimmung wegen was-auch-immer. Trainieren wir mit dem Hund (selbst Einfaches!), müssen wir voll konzentriert sein. Sonst: Verschieben Sie das Training oder machen Sie mit Ihrem Hund stattdessen ein tolles Spiel. Das bringt Ihnen die gute Laune zurück – garantiert!

„Platz!" bis „Okay!"

Der Mensch gibt dem Hund nicht nur das Signal zum Hinlegen, er gibt auch das Signal zum Aufstehen. Führen Sie beim Training mit Ihrem Hund von Anfang an ein Auflösewort wie „Okay!" ein. Erst wenn Sie das sagen, gilt das Signal nicht mehr. Beherrscht Ihr Hund das, hilft es für „Platz auf Distanz", bei dem Sie weggehen, während Ihr Hund liegen bleiben soll. „Okay!" (oder welches Wort auch immer Sie wählen) sollte über „Platz!" hinaus Ihr generelles Auflösewort sein. Achten Sie darauf, dass Sie es nicht zum Beispiel parallel als Lobwort für den Hund verwenden. Es darf nur eine einzige Bedeutung haben – und zwar: Hiermit ist das Signal aufgehoben. Das Auflösewort ist ein wichtiger Bestandteil des eindeutigen Dialogs mit dem Hund.

WUSSTEN SIE?

- Erst „Platz!", dann neue Tricks für Regentage. Zum Beispiel …
…die Rolle: Sie führen hinter dem Hundekopf das Leckerli langsam bis zum Boden – der Hund folgt erst mit dem Kopf, dann mit dem Körper. Gerollt!

„Platz!“ auf Distanz 1

Zunächst üben Sie mit dem angeleinten Hund, damit er nicht weglaufen kann. Sie haben ihn an der langen Leine, gehen aber trotzdem Schritt für Schritt nach hinten. Dabei halten Sie Blickkontakt und wenden sich dem Hund zu oder stehen etwas zum Hund vorgebeugt. Nutzen Sie nun Ihre Geste: die ausgestreckte Hand und „Platz!“!

„Platz!“ auf Distanz 2

Legt sich Ihr Hund hin, können Sie die Distanz vergrößern, sich deutlicher abwenden oder auf die andere Straßenseite gehen. „Platz!“ auf Distanz heißt, dass Sie Ihren Hund von überall aus ins „Platz!“ schicken können. Das kann lebensrettend sein – zum Beispiel wenn ein Auto kommt. Also, üben mit Signalwort und Handzeichen!

Ordentlich & aufmerksam!

Achten Sie beim „Platz!“ auf die Ausführung. Ihr Hund liegt gerade, beide Pfoten nach vorne. Keinesfalls soll der Po seitlich wegrutschen. Der Kopf ist gehoben, der Blick richtet sich auf Sie. Belohnen Sie nur das korrekte „Platz!“, das prompt gezeigt wird. Beim grünen Ampelsignal fahren Sie ja auch prompt los, oder?!

Bleib!

Drei Dinge macht das „Bleib!“ einfacher: den Alltag mit Hund, das Spielen mit Hund und das Arbeiten mit Hund. Der Hund schult nämlich seine Konzentration, wenn Sie die Dauer des „Bleib!“ erhöhen, er wartet und fokussiert auf Sie achtet. Wenn er im Alltag souverän liegen bleibt, bis der Jogger vorbeigelaufen ist oder der Kinderwagen vorübergeschoben wurde, bietet das eine tolle Gelegenheit, am positiven Image aller Hunde zu feilen. Gutes Benehmen können Hunde gar nicht genug zeigen! Und beim Spiel? Zum Beispiel: Der Hund liegt im „Platz-bleib!“. Sie werfen den Ball. Der Hund muss so lange liegen bleiben, bis Sie das Signal auflösen. Mit einem Ballwurf fordern Sie Kopf und Körper.

Der Anfang

Die Grundvoraussetzung: Ihr Hund kann „Sitz!“ oder „Platz!“ auf Signal. Und: Er kennt ein Auflösewort wie „Okay!“. Üben Sie in einer Umgebung ohne Ablenkung. Jetzt beginnt die Herausforderung: Sie gehen nach hinten oder zur Seite. Das ist für Ihren Hund sehr ungewohnt. Fühlt er sich unwohl, bewegt er sich? Vergrößern Sie die Distanz sehr langsam. Zum Belohnen gehen Sie immer zu Ihrem Hund zurück. Achten Sie darauf, dass Ihr Hund während des ganzen „Bleib!“ wirklich im „Sitz!“ oder „Platz!“ verharrt. Sonst gehen Sie hin und bringen ihn zurück an die gleiche Stelle und wiederholen die Übung mit einer etwas geringeren Entfernung. Beim Gehen wiederholen Sie in ganz ruhigem Tonfall das Wort „Bleib!“ und lassen Sie Ihren Hund nicht aus den Augen.

Die Steigerung

Zum „Bleib!“ gibt es Steigerungen: Drehen Sie Ihrem Hund den Rücken zu oder gehen Sie aus seinem Blickfeld. Steht er auf, bringen Sie ihn wortlos auf seinen Platz zurück und verringern Sie die Anforderung.

Die Hilfe

Trainiert man nicht im Haus, übt man „Bleib!“ zu zweit – mit Leine. Draußen gibt es so viele spannende Geräusche oder Hundefreunde, die es dem Hund schwer machen, dort zu bleiben, wo er ist.

Komm!

„Ja komm, kohommm, nun komm doch...!“ Endlos-Ansagen dieser Art hören Sie überall, wo Hunde frei laufen. Der Mensch ruft, der Hund ignoriert jedes Wort. Oder? Vielleicht hat der Hund nicht gelernt, was „Komm!“ bedeutet, oder meint, der Mensch sage es, um ihm zu vermitteln: „Ich bin noch da.“ Vielleicht hat der Hund die Erfahrung gemacht, sein Kommen bedeutet, die Leine wird eingehakt und der Spaziergang ist vorbei. Warum sollte er dann kommen? Lassen Sie im Dialog mit Ihrem Hund keinen Raum für Missverständnisse und „vielleicht“. Geben Sie ein klares, gut trainiertes Signal und Ihr Hund wird prompt reagieren. Denn: Setzen Sie auf ein positives Miteinander, ist der Hund gerne bei Ihnen.

Wort & Bedeutung!

Beim Spaziergang ist es schwer, das „Komm!“ einzuführen. Fangen Sie zu Hause an. Läuft Ihr Hund zu Ihnen, rufen Sie gleichzeitig „Komm!“. So verknüpft Ihr Hund dieses Wort mit dem Auf-Sie-Zulaufen. Locken Sie ihn nicht mit einem Leckerli. Die Belohnung wird erst gezückt, wenn der Hund bei Ihnen angekommen ist.

Rufen & hören!

Zu „Komm!“ kann man als Geste das Winken einführen. Damit ein träger oder junger Hund reagiert, laufen Sie nach dem „Komm!“-Ruf ein Stück von Ihrem Hund weg. So bringen Sie ihn in Bewegung und lotsen ihn zu sich. Das Ziel ist: Sie rufen, der Hund kommt – immer, auch wenn Sie anfangs etwas mehr dafür tun müssen.

WUSSTEN SIE?

- Wussten Sie, dass Hunde besser Dinge in der Entfernung erkennen können, wenn sie sich bewegen?
Hunde erkennen einen starr im Gras hockenden Hasen nicht, wohl aber den Hasen in viel größerer Distanz, sobald er läuft und sich bewegt.
- Darum ein Tipp: Bewegen Sie sich, soll der Hund aus großer Entfernung zu Ihnen laufen, egal wie albern es aussieht: Hüpfen, springen und winken hilft, damit Ihr Hund prompt reagiert. Warum es dem Hund leicht machen? Damit Erziehung zum fröhlichen Miteinander wird!

Lob & Tat!

Ist der Hund gekommen, sollte er auch für ein paar Übungen bleiben. Dann erst lassen Sie ihn mit „Geh spielen!" wieder losziehen. Biegt Ihr Hund auf halbem „Komm!"-Weg einfach seitlich ab, gehen Sie sofort hin und leinen ihn für ein paar gemeinsame Schritte an. Denn: Er soll kommen – bis zu Ihnen!

Spiel & Spaß!

Die Abwechslung zum Leckerli ist ein Spiel. Holen Sie ein tolles Spielzeug aus der Tasche – ideal sind Taue oder Zerrspielzeuge, sodass Sie mit Ihrem Hund gemeinsam spielen. Hat Ihr „Komm!"-Rufen den Grund, nach Hause zu gehen, spielen Sie mit dem Hund erst, sobald die Leine dran ist. So wird es ein tolles Finale.

Leine!

Mal ganz ehrlich: Wie fühlt es sich für Sie an, wenn Sie mit Ihrem Hund an der Leine laufen? Alles locker? Dann bitte diese Seiten einfach überblättern. Oder wird Ihr Arm hemmungslos in die Länge gezogen? Dann kommen jetzt ein paar Tipps für Sie. Dabei ist der wichtigste: Ändern Sie Ihre Einstellung zur Leine! Sie ist nicht da, um den Hund zu ärgern. Sie ist Ihre Verbindungsschnur zu Ihrem Hund – der kurze Draht sozusagen. Sie bleiben darüber in Kontakt. Und Sie können auch die Einstellung Ihres Hundes zur Leine ändern. Statt für den Vierbeiner die Leine zum Ende des Spaßprogramms zu erklären, machen Sie Ihrem Hund die Leine buchstäblich schmackhaft – mit Spielen, Lob und Leckerlis.

Schmeckt nach mehr!

Sie machen Ihrem Hund die Leine besonders schmackhaft, indem Sie sie jedes Mal befestigen, wenn es Futterzeit ist. Das heißt: Während des Fressens bleibt die Leine dran. Selbstverständlich ersetzt das Füttern an der Leine kein Leinentraining, es ändert aber grundsätzlich die Bedeutung der Leine für Ihren Vierbeiner: sie wird zum willkommenen Gegenstand. Der Leine folgt schließlich etwas Gutes – das Fressen. Damit haben Sie bereits den ersten Schritt getan, damit Ihr Hund sich an der Leine wohl fühlt, statt nur gegen sie anzukämpfen. Vielleicht finden Sie, ist es etwas übertrieben, die Leine bewusst so positiv zu besetzen. Doch: Überlegen Sie mal, wie oft im Laufe des hoffentlich sehr langen Hundelebens Sie die Leine am Halsband befestigen und wie oft sie Spaziergänge an der Leine machen. Da kommen viele Stunden zusammen. Gut, wenn Ihr Hund sich darauf freut. Unterwegs können Sie das „Schmackhaft machen" der Leine ganz einfach weiterführen, indem Sie Ihrem Hund jedes Mal ein Leckerli geben, wenn Sie die Leine am Halsband befestigen.

„Ich will weiter!“

Lassen Sie sich von Ihrem Hund weder Tempo noch Richtung diktieren: Bleiben Sie stehen, schlagen Sie Wurzeln – bis die Leine wieder locker durchhängt. Das Ziehen wird zum Misserfolg.

„Ich bin locker!“

Eine lockere Leine erreichen Sie nicht durch zwei, drei Wiederholungen. Sie müssen sehr konsequent bei jedem Ziehen stehen bleiben. Außerhalb des Leinentrainings benutzen Sie eine „Ausnahmeleine“.

„Das macht Spaß!“

Rufen Sie Ihren Hund zu sich, um ihn anzuleinen, darf der Spaß gerade nicht aufhören, zieht Ihr Hund an der Leine. Holen Sie dann nach dem Anleinen ein tolles Spielzeug an der Schnur aus der Tasche und spielen Sie mit Ihrem Hund an der (nicht zu kurzen) Leine. Wie Sie unter „Komm!“ nachlesen können, hilft das Spielen an der Leine ebenfalls als Motivation, direkt zu Ihnen zu laufen. Somit erfüllt das Spielen an der Leine einen doppelten Zweck.

Bei Fuß

Bis zur Perfektion kann man mit seinem Hund das „Bei Fuß!“, also das Laufen eng neben Ihnen mit seinem Kopf auf Höhe Ihres linken Beins, üben. Im Alltag mit Hund ist die Frage, ob rechts oder links und wo genau Hundekopf und Hundeschulter sind, weniger wichtig. Es kommt darauf an, dass der Hund es absolut zuverlässig durchführt und (egal, was kommt!) an Ihrer Seite bleibt. Das „Bei Fuß!“ sollten Sie erst angeleint und dann schnell ohne Leine trainieren – zunächst zu Hause, kurz darauf auf einem ruhigen Weg und erst zuletzt mit Ablenkung durch andere Hunde, Jogger oder Radfahrer. Wenn Sie „Bei Fuß!“ zu sehr an alte Hundekommandos erinnert, ändern Sie einfach die Bezeichnung und sagen „Bei mir!“.

Schritt 1 zu „Bei Fuß!“

Ihr Hund wartet hinter Ihnen im „Sitz-bleib!“. Ihre mit Leckerli gefüllte Faust halten Sie neben Ihr Bein. Rufen Sie Ihren Hund zu sich. Kommt er an Ihre Seite, öffnen Sie die Hand.

Schritt 2 zu „Bei Fuß!“

Warten Sie mit dem Öffnen der Hand, bis Ihr Hund ein Stück neben Ihnen gegangen ist – machen Sie vor dem Öffnen immer ein paar Schritte mehr. Sagen Sie nun dabei das Signalwort „Bei Fuß!“.

Schritt 3 zu „Bei Fuß!“

Nach erfolgreichem Üben probieren Sie, ob der Hund auf das Signalwort an Ihre Seite kommt. Das Handzeichen für „Bei Fuß!“ kann übrigens Ihre herunterhängende geschlossene Faust sein, mit der Sie ein, zwei Mal auf Ihr Bein klopfen. Der Hund kommt aufs Signal? Toll! Legen Sie kein Leckerli mehr in die Faust, sondern geben es aus der Tasche, wenn Ihr Hund einige Schritte neben Ihnen gelaufen ist. Sprechen Sie beim Fußlaufen freudig mit Ihrem Hund. Gehen Sie auch in Schlangenlinien, in Achten oder drehen Sie sich abrupt um. Bleibt Ihr Hund an Ihrer Seite? Klasse! Zum Schluss bleiben Sie stehen, lassen Sie Ihren Hund mal „Sitz!“, mal „Platz!“ machen, bevor Sie „Bei Fuß!“ beenden.

Das Finale!

„Bei Fuß!“ ist grundsätzlich für kurze Strecken gedacht – als Sicherheitssignal für Ihre Umwelt, weil Sie Ihren Hund sichtbar, spürbar und absolut zuverlässig unter Kontrolle haben. Das brauchen Sie oft, wenn Sie Ihren Hund gerne ohne Leine laufen lassen. Nutzen Sie es bei Begegnungen mit Hunden, an denen Sie schnell vorbei wollen, wenn Kinder, Radler, Jogger oder Skater des Wegs kommen. Natürlich kennen Sie Ihren Hund gut und wissen, welche Ablenkungen für ihn besonders verlockend sind. Die meisten Hunde reagieren stark auf Artgenossen. Üben Sie also das Vorbeigehen an anderen Hunden im „Bei Fuß!“ mit befreundeten Hundeleuten und machen Sie dabei ruhig die Leine dran. Bewältigt Ihr Hund diese Herausforderung, hat er die Finalprüfung für „Bei Fuß!“ bestanden!

Gib's!

Beim Spielen und beim Retten von allem, was ein Hund gerne als Kauknochenersatz ausprobieren möchte, brauchen Sie „Gib's!" dringend! Üben Sie es bereits mit dem zehn Wochen jungen Welpen und hören Sie damit beim „Oldie" nicht auf. Dass ein Hund auf Ihr Signal hin ausspuckt, was er sich gerade genommen hat, gehört zu den Grundregeln des Zusammenlebens und damit zum Einmaleins der Hundeschule wie „Sitz!" und „Platz!". Hat Ihr Hund „Gib's" gelernt, wird er nicht nur Gegenstände, sondern auch Futter (oder was der Hund so dafür hält!) wieder fallen lassen. Es macht Sie auch bei Hundebegegnungen sicherer, wenn Ihr Hund sich vielleicht den Ball vom anderen Vierbeiner geschnappt hat. Also: Jetzt üben!

Für mich? Für Dich!

Ihr Hund hat den Ball – und Sie wollen ihn. Rufen Sie Ihren Hund zu sich und machen Sie ihm ein Tauschangebot: Ball gegen Leckerli oder gegen ein Spielzeug. Lässt er den Ball fallen, loben und das Spiel fortsetzen!

In die Hand!

Lässt Ihr Hund den Ball sicher aus dem Maul fallen, führen Sie „Gib's!" ein – genau in den Moment, in dem er das Maul öffnet. Mehr als ein Handzeichen dazu: die geöffneten Hände, in die der Hund den Ball legt.

Gut gemacht!

Bringt Ihr Hund Ihnen den Ball, legt er ihn sogar in Ihre Hände? Perfekt! Dann können Sie jetzt das Signalwort „Gib's!" als Aufforderung voranstellen. Zum Üben von „Gib's!" gehen Sie anfangs in die Hocke und nutzen Sie eine Leine, damit Ihr Hund nicht mit dem Ball entwischen kann. Wiederholen Sie „Gib's!" mit vielen Gegenständen – vom Stock bis zum Schuh!

Der perfekte Tausch!

Ihr Hund soll etwas davon haben, dass er Ihnen seine „Beute" überlässt. Viele Hunde tauschen gerne alles gegen ein gutes Leckerli. Für einige Vierbeiner ist es jedoch das Größte, den Lieblingsball im Maul zu tragen. Darum: Üben Sie „Gib's!" zunächst mit einem Gegenstand, der Ihrem Hund nicht so wichtig ist. Damit erhöhen Sie die Wahrscheinlichkeit, dass er es eintauscht und Sie mit einem Erfolg ins Training starten.

WUSSTEN SIE?

- Alle Hundespielzeuge gehören Ihnen – niemals dem Hund. So fällt es Ihnen leichter, vom Hund das Abgeben konsequent zu verlangen.
- Kauen ist für Hunde aktiver Stressabbau und sie haben die spitzen Zähne eines Rohfleischfressers – das heißt: von Zeit zu Zeit werden Sie in neue Spielzeuge investieren müssen.

Tricks!

Ein Hund ist kein Zirkuspferd. Warum soll er Tricks lernen? Weil Ihr Hund mehr will und kann, als Stöckchen holen, fressen und schlafen. Das enge Zusammenleben von Mensch und Hund entstammt der Chance, als Duo besser zu jagen oder andere Arbeiten im Team schneller zu bewältigen. Das ist es, was Mensch und Hund zu Freunden fürs Leben gemacht hat. Nun gönnen Sie sich und Ihrem vermutlich ziemlich „arbeitslosen" Vierbeiner das Vergnügen, gemeinsam schwungvolle Aufgaben zu bewältigen. Ob man die nun Kunststücke oder in der Kombination und mit Musik dann „Dog Dancing" nennt oder einfach Zusammen-Arbeit, bleibt Ihnen überlassen. Das Ziel ist gleich: Den Hund mit Kopf und Körper fordern.

Neue Wege!

Nehmen Sie ein Brett und eine Kiste und bauen Sie daraus eine „schiefe Bahn" für Ihren Hund. Klingt einfach? Auch das braucht Übung: Belohnen Sie anfangs Ihren Hund für jede Pfotenberührung mit dem zunächst auf dem Boden liegenden Holzbrett. Dann lassen Sie ihn ganz über das Brett balancieren. Steigern Sie die Anforderung und legen ein Brettende auf die Kiste. Sparen Sie nun nicht mit richtigem Superlecker, wenn Ihr Hund Schritt für Schritt nach oben klettert. Er muss schließlich konzentriert das Gleichgewicht halten und gemeinsam mit Ihnen etwas Neues wagen.

Bein-Slalom 1

Ihr Hund ist im „Sitz!“ an Ihrer linken Seite. Dann machen Sie mit rechts einen großen Schritt nach vorne und zeigen mit der rechten Hand (in der gerne ein duftendes Leckerli sein darf), dass Ihr Hund zur Hand kommen soll.

Bein-Slalom 2

Ist Ihr Hund nun auf Ihrer rechten Seite, belohnen Sie ihn und machen Sie gleich einen zweiten großen Schritt. Locken Sie Ihren Hund wieder durch Ihre Beine und belohnen. Prinzip verstanden? Bei jedem Spaziergang weiterüben!

Kistensprung!

Lassen Sie Ihren Hund zunächst an der Kiste schnuppern und stellen Sie sie zum Üben anfangs mit einer Seite an eine Wand. Lassen Sie Ihren Hund ein ganzes Stück vor der Kiste „Sitz!“ machen und dann laufen Sie mit Ihrem Hund zusammen los. Bei der Kiste angekommen, bleiben Sie direkt neben der Kiste stehen und zeigen Ihrem Hund deutlich, dass es für ihn weiter über die Kiste geht. Springt er? Super!

Gutes Benehmen

Wer sich entschieden hat, mit einem Hund zu leben (oder ehrlicher formuliert: wessen Herz einfach nicht anders kann, als mit einem Hund zu leben), der hat viel zu tun – mit der Grundausbildung des Hundes. Denn: Unabhängig davon, dass wir Hundemenschen ziemlich cool werden, geht es um Matschwetter, Hundesabber und Pfotenabdrücke, müssen wir unseren Vierbeiner grundsätzlich „gesellschaftsfähig" machen. Das ist eine Aufgabe, der sich nicht nur Welpenbesitzer stellen müssen. Darum: Fangen wir jetzt gemeinsam an.

Ihr Napf, Ihr Futter!

Es ist Ihr Napf und Ihr Hund darf weder Napf noch Futter je verteidigen! Lassen Sie Ihren Hund „Sitz!" machen. Nutzen Sie dann ein Signalwort wie „Guten Appetit!" und der Hund darf an den Napf. Nun gehen Sie mit der Hand zum Napf und legen Sie ein tolles Leckerli hinein. So lernt Ihr Hund: Die Hand bringt etwas Gutes!

Liebe geben – üben!

Wo ein Hund ist, da wandert unsere Hand zum Streicheln hin. Wie stellen Sie sicher, dass Ihr Hund dabei niemals schnappt? Durch üben! Das heißt: Belohnen Sie tatsächlich das Streicheln mit jeder Menge Leckerlis und fordern Sie immer wieder neue Menschen auf, den Hund sanft zu berühren und dafür zu belohnen.

Die ruhige Ausstrahlung!

Wie schön, wenn ein Hund entspannt liegt, ist Besuch da oder toben die Kinder. Das lernt Ihr Hund, zeigen Sie ihm, was Sie von ihm erwarten. Üben Sie zu zweit: Einer sitzt beim liegenden Hund und der andere klingelt an der Tür oder springt durchs Zimmer. Immer wieder den Hund ins „Platz!" schicken und belohnen!

Mein Revier? Kein Revier!

Menschen kommen und gehen. Jeden Tag. Postboten, Pizzaservice, Besuch. Was soll Ihr Hund tun? Entspannt bleiben! Dazu ist es wichtig, den Hund im Garten oder an der Haustür sich selbst zu überlassen. Er wird auf dumme Gedanken kommen. Zum Beispiel auf den: Der Postbote kommt, ich belle, der Postbote geht – aha, mein Bellen hat den Fremden verjagt. Für den Hund ein Erfolg, der ihn bestärkt, noch lauter damit weiterzumachen. Wollen Sie das? Wenn nicht, zeigen Sie Ihrem Hund deutlich, was Sie erwarten. Lassen Sie ihn „Sitz!" machen, wenn jemand kommt: Lassen Sie den Fremden den Hund belohnen. Dann schlussfolgert Ihr Hund: Postbote kommt, ich setze mich hin und bekomme etwas Gutes zu fressen. Sein Erfolgserlebnis bestärkt ihn, in Zukunft auch bei anderen Fremden ruhig zu bleiben.

Im Haus

Ob Ihr Hund mit ins Bett oder überhaupt ins Schlafzimmer darf, ist Geschmackssache. Zum Glück weiß man heute: Das „Dominanz-Konzept" war eine vermenschlichte Hierarchie-Sicht auf das Hunderudel und ist völlig falsch, und so dürfen Sie Ihrer Liebe freien Lauf lassen. Ihr Hund wird sich nicht als Ihr Chef fühlen, weil er Ihr Bett teilt. Finden Sie solche Gedanken in Hundeschulen oder Ratgebern: Weg damit! Trotzdem lassen Sie Ihrem Hund keine Narrenfreiheit. Sehen Sie sich in der Rolle eines Elternteils, das liebevoll seinen Zögling in die Schranken weist: wo liegen, wo fressen, was tun und was lassen. Da wir heute so eng in Haus oder Wohnung mit dem Hund leben, ist gutes Benehmen ein Muss.

Raus! Meins! Nein!

Wie herzerweichend der Hund auch schaut: Ihre Hausregeln gelten. Immer! Das gilt für Taburäume wie Kinderzimmer oder Küche. Mit Nachdruck und gespieltem kleinen Wutanfall schicken Sie Ihren Hund dort hinaus. Räumen Sie Spielzeug weg, denn alles gehört dem Menschen. Ihr Signalwort „Nein!" sollten Sie bewusst und gezielt einsetzen, damit es seine Wirkung behält!

WUSSTEN SIE?

- Kleine Hunde & Regeln? „Schoßhunde" wurden auf eine besonders enge Bindung zum Menschen hin gezüchtet. Darum: Kleine Hunde achten besonders auf die Signale Ihrer Menschen. Sie lernen die „Hausordnung" schnell!

Mein Platz!

Finden Sie Ihren Hund auf der Gartenbank oder auf dem Sofa, schicken Sie ihn dort hinunter. Besonders wichtig ist es bei dieser Regel, dass alle Familienmitglieder den Hund konsequent vom Menschenplatz herunterholen und es keine Ausnahmen gibt. Schließlich wollen Sie sichergehen, dass Ihr Hund sich auch bei Ihrer Abwesenheit an die Regel hält und seinen Liegeplatz nutzt. Dafür richten Sie Ihrem Hund nach Möglichkeit seinen Platz in dem Zimmer bzw. den Zimmern ein, in denen Sie sich oft und lange aufhalten. Schließlich: Ihr Hund ist ein Rudeltier und will bei Ihnen sein. Bringen Sie also Ihren Hund ab sofort immer an seinen Platz, wenn er schlafen will. Legen Sie zusätzlich auch zwischendurch Leckerbissen in sein Körbchen. So machen Sie ihm seinen Platz schmackhaft.

Dein Platz!

Ist Ihr Hund in Sachen Sofa (oder Gartenbank oder Bett oder Sessel oder Sonnenliege) besonders hartnäckig, richten Sie seinen Liegeplatz direkt neben Ihren Lieblingssitzplätzen ein. Beginnen Sie damit, mit dem Hund zu üben, auf einer ganz speziellen Decke „Platz!“ zu machen und dort liegen zu bleiben. Warten Sie beim Üben immer etwas länger, bis Sie Ihren Hund belohnen. Sie erhöhen damit die Verweildauer auf der Decke. Nun legen Sie seine neue Decke direkt neben Ihren Stuhl, Ihren Sessel etc. Ihr Hund wird sich daran gewöhnen, gerne zu Ihren Füßen zu liegen. Verlassen Sie das Haus und wollen Sie sichergehen, dass Ihr Hund wirklich vom Sofa fernbleibt: Schließen Sie die Tür zum Wohnzimmer und legen Sie Ihrem Hund seine neue Liegedecke hin (und natürlich Wasser).

Bei Besuch

Der Kaffee ist fertig, der Tisch gedeckt, die Frisur sitzt – dingdong: Der Besuch ist da. Was macht Ihr Hund? Viele Hunde reagieren aufgeregt beim Türklingeln. Das Resultat: Hochspringen oder quirliges Um-die-Beine-Laufen. Nicht jeder Besuch, ob groß oder klein, ist ein Hundefreund. Viele hätten gerne ein wenig mehr Abstand zum Vierbeiner, und vor allem wollen Sie ja auch in Ruhe Ihre Familie oder Ihre Freunde empfangen. Ebenso können Sie sicher beim Zusammensitzen am Tisch oder im Wohnzimmer auf eine feuchte Hundenase verzichten. Überlassen Sie es darum nicht Ihrem Hund, wie er sich bei Besuch benimmt. Machen Sie ihm klar, was Sie von ihm erwarten. Und wie schaffen Sie das? Üben!

Anspringen ade!

Sorgen Sie für einen Misserfolg aus Hundesicht: Werden Sie angesprungen, drehen Sie sich deutlich weg vom Hund. Sagen Sie das auch allen Gästen und sorgen Sie mit einer Leine dafür, dass Ihr Hund wieder unter Kontrolle ist.

Hallo im Sitz!

Genau so ist es richtig: Der Hund wird erst begrüßt, ist er im „Sitz!“. Dann dürfen auch Gäste Ihren Hund mit Leckerbissen verwöhnen. Üben Sie das: Einer klingelt an der Tür, der andere lässt den Hund sofort „Sitz! machen.

Appetit auf mehr?

Die meisten Hunde sind immer für eine Extraportion offen. Lassen Sie sich durch feuchte Hundeaugen nicht in Versuchung führen – nie mehr. Ein Hund bekommt grundsätzlich nichts vom Tisch. Sein Fressen erwartet ihn entweder im Napf oder als Belohnung in Ihrer Hand. Achten Sie vor allem bei Besuch darauf, dass sich alle an diese Regel halten. Gerade Kinder lassen zu gerne etwas für den Hund fallen. Damit Ihr Hund lernt, dass er keinen Erfolg (mehr) hat, nutzen Sie Ihre Körpersprache: Drehen Sie sich deutlich weg vom Hund, halten Sie das Essen nicht in seine Nähe und ignorieren Sie ihn ganz. Sie können das ergänzen durch ein Signalwort wie „Lass es!", das Sie wirklich scharf und mit Nachdruck aussprechen. Ihr Hund lernt schnell: „Hier hab ich nichts zu suchen!"

Hier gibt's was Gutes!

Sie zeigen Ihrem Hund eine Alternativhandlung, die Sie belohnen können. Gerade bei Besuch gibt es dafür einige Beispiele mit immer gleicher Lösung: Es klingelt, man isst, die Kinder spielen – Ihr Hund bleibt auf seinem Platz im „Platz!". Das bedeutet keinesfalls, Ihr Hund darf sich bei Besuch nicht mehr bewegen. Trotzdem kann er lernen, ruhig zu bleiben und nicht sofort überall mitzumischen. Wie schaffen Sie das? Schicken Sie ihn in sein Körbchen und belohnen Sie ihn, sobald er liegt. Üben Sie das im Alltag, wenn kein Besuch da ist. Führen Sie dafür ein Signalwort wie „An deinen Platz!" ein. Geben Sie ihm dort einen Kauknochen, sobald sich Ihr Besuch z. B. an den Tisch setzt. Das Lernziel: „Liege ich an meinem Platz, geht es mir gut."

Mit Kindern

Mit Hund und Kindern zu leben, ist unkompliziert – halten sich alle an die Regeln. Und: Passen die betreuenden Erwachsenen auf, dass Sicherheit und Gesundheit des Kindes stets gesichert sind. Denken Sie bereits an einen entspannten Umgang, wenn der Hund zuerst einzieht. Überlegen Sie sich, wo später Ihr Baby liegen wird und lassen Sie Ihren Hund z. B. gar nicht erst aufs Sofa oder ins Bett. In der Schwangerschaft machen Sie Ihren Hund mit jedem neuen Möbelstück, Kinderwagen und Babyschale bekannt. Sind erst die Kinder da und dann kommt der Hund, achten Sie darauf, dass die Kinder den Hund in Ruhe lassen und nicht am Fell ziehen. Und freuen Sie sich auf ein lebendiges, fröhliches Miteinander.

Darf ich vorstellen …

… die Babyschale – mit Puppe. Der Hund schnüffelt daran und macht sich mit dem für ihn neuen Gegenstand vertraut. Hunde sind Gewohnheitstiere, und die Ankunft eines Babys bringt sehr viele Umstellungen für den Hund mit sich. Machen Sie es ihm so einfach wie möglich!

Darf ich anfassen?

Ideal ist es, wenn die Kindern lernen, erst zu fragen, bevor sie einen fremden Hund anfassen und streicheln. Zeigen Sie Kindern, wie man streichelt: in Fellrichtung, lieber nicht am Kopf, sondern hinter den Ohren oder am Rücken und dabei neben dem Hund sitzen.

Geht's endlich los?

Der tägliche Spaziergang ist für Kinder, die mit Hund groß werden, ganz normal. Gerne möchten Sie auch früh die Leine halten. Wagen Sie es für eine kurze Strecke. Dabei ist es wichtig, dass der Hund ruhig an der Leine laufen kann und der begleitende Erwachsene die Augen offen hält: Kommt eine Situation, die das Kind nicht beherrschen kann? Nehmen Sie rechtzeitig die Leine wieder an sich und erklären dem Kind, warum. Eine wichtige Regel: Im Zweifel soll das Kind sofort die Leine loslassen. Üben Sie das mit dem Kind: Sobald ein starker Zug an der Leine kommt, die Hand öffnen und den Hund laufen lassen. Fast jede Hunderasse hat mehr Kraft als ein Kind. Bereichern Sie den Spaziergang immer wieder mit einem Spiel – für Kind und Hund.

WUSSTEN SIE?

- Hunde, die mit der Rute wedeln, sind keinesfalls immer freundlich
- Geht die Rute (statt schnell) hochaufgestellt nur langsam hin und her, heißt das: „Lass mich lieber in Ruhe!"
- Erklären Sie den Unterschied Ihren Kindern und jedem Kind, das Sie treffen!

Wollen wir spielen?

Achtung, hier fliegt der Ball – oh ja, Hund und Kind sind die besten Spielpartner. Dafür muss Ihr Hund lernen, den Ball immer abzugeben, ohne Knurren und Murren. Klappt das perfekt, lieben Kinder das Ball- oder Stockwerfen mit dem Hund und trainieren dabei ihre Koordination.

Beim Türklingeln

Bleibt Ihr Hund beim Türklingeln cool und mit allen vier Pfoten auf dem Boden, statt Besucher anzuspringen, überblättern Sie diese Seite ganz getrost. Ist das Gegenteil der Fall, finden Sie jetzt einen kleinen Trainingsplan. Ob er funktioniert? Das liegt an Ihnen: Üben Sie konsequent, klappt es bestimmt. Hat Ihr Hund sicher gelernt, was er tun oder lassen soll, haben Sie es geschafft – ein Hundeleben lang. Darum: Freuen Sie sich auf Ihren gut erzogenen Hund. Das motiviert Sie, ab heute daran zu arbeiten. Vielleicht ist die Gelegenheit günstig und es steht gerade ein Geburtstag, Weihnachten oder Ostern vor der Tür, spannen Sie Ihre Gäste ins Übungsprogramm ein. So können später auch alle gemeinsam stolz auf den Erziehungserfolg sein.

Herzlich willkommen!

Verabschieden Sie sich von der Meinung, dass Hunde natürlich Wächter Ihres Hauses sind und darum beim Türklingeln bellen müssen. Es geht auch anders! Nutzen Sie ein effektives Trainingsprogramm, das Ihrem Hund mit positiver Bestärkung klar macht, was er lernen soll.

Suchen Sie sich zunächst mindestens zwei Helfer. Während eine Person an der Tür klingelt, schickt ein zweiter den Hund an der Leine in Sichtweite der Tür ins „Sitz!“. Wie im Alltag gehen Sie zur Tür. Springt Ihr Hund nun beim Türöffnen auf, schickt ihn die Person mit der Leine sofort wieder ins „Sitz!“ und belohnt ihn ausgiebig. Wichtig ist – gerade später für den Alltag –, dass auch Sie immer ruhig bleiben, wenn es an der Tür schellt. Der Besucher kommt erst ins Haus, wenn Ihr Hund beim Klingeln und Händeschütteln ruhig bleibt. Noch immer soll Ihr Hund an seinem Platz bleiben und im Sitz warten. Anfangs ist dies für leicht erregbare Hunde eine schwere Aufgabe, für die man wirklich sehr (!) gute Leckerlis braucht. Es kann gut sein, dass Ihr Hund vor Aufregung zunächst gar kein Futter annimmt. Doch bleiben Sie dran. Hunde lernen schnell!

Erst „Platz!“ ...

Ist Ihr Hund als Erster an der Tür? Schicken Sie ihn ab heute auf seinen Liegeplatz. Lassen Sie einen Helfer klingeln, ohne dass Sie ihm sofort die Tür öffnen. Die Klinke nehmen Sie erst in die Hand, macht Ihr Hund zuverlässig „Platz-bleib!“ auf seiner Decke.

... dann: „Hallo!“

Tritt der Besucher ins Haus, ist Ihr Einsatz gefragt. Sie sorgen nun dafür, dass Ihr Hund fest auf seinem Platz bleibt: Einfach Leine dran und konsequent immer wieder ins „Platz!“ schicken. Die größte Belohnung: Der Besuch begrüßt den Hund auf seiner Decke – wirklich ausgiebig!

WUSSTEN SIE?

- Ein Hund ist kein Wolf: Wölfe bellen nur sehr selten, Hunde auf zwölf verschiedene Arten. Gerade am Bellen merken wir, wie eigenständig die Tierart "Hund“ geworden ist.
- Hunde verfügen über eine beeindruckende soziale Intelligenz: Keine andere Tierart ist in der Lage, den Menschen gezielt zur Hilfe zu holen (einzige Ausnahme: Flipper!) und so exakt die Mimik, Gestik und Stimmung von Menschen zu deuten.
- Zum Beispiel: das auffordernde Bellen: Ist der Lieblingsball des Hundes unter dem Schrank verschwunden oder will der Hund in den Garten, holt er uns bellend herbei und zeigt, was er möchte.

Beim Essen

Morgens, mittags, abends – füttern Sie Ihren Hund Tag für Tag zur gleichen Zeit. Hunde bevorzugen feste Strukturen. Es gibt ihnen innere Sicherheit, wenn alles stets gleich abläuft. Und ein ausgeglichener Hund ist der beste Lebenspartner. Die täglichen Futterzeiten sind für Hunde natürlich besonders wichtig. Darum: Halten Sie sich daran, so gut es geht.

Das heißt auch: Futtterzeiten sind Futterzeiten und haben nichts mit den menschlichen Mahlzeiten zu tun. Inzwischen weiß man, dass Ihr Hund keinesfalls auch nur im Ansatz meint, er sei Ihnen überlegen, weil er vor Ihnen zu fressen bekommt. Im Gegenteil: Sicher hilft es, bettelnde Hundenasen am Tisch zu vermeiden, ist der Hund bereits satt.

Große Rasse …

Führen Sie gerade große Hunde nicht in Versuchung: Lassen Sie am Rande des Tisches keine Köstlichkeiten wie Schinken oder Käse stehen. Sonst wirkt es für den Hund wie eine Einladung zur Selbstbedienung. Jedes Erfolgserlebnis beim Klauen macht Hunde hartnäckiger.

… große Augen!

Auch wenn Ihr Hund vor dem Esstisch ganz manierlich „Sitz!“ macht und den treuesten Dackelblick auflegt, widerstehen Sie der Versuchung! Geben Sie ihm vom Tisch aus keine Belohnung. Stattdessen: Ignorieren Sie seine Nähe. Es ist Essenszeit – der Hund hat seine Fresszeiten!

Große Klasse!

Manche Hunde früher, andere später, aber zum Schluss geben sie alle ihr Betteln auf und legen sich hin, ohne Sie beim Essen zu stören. Auch dann: Geben Sie zur Belohnung nichts vom Tisch. Wenn überhaupt, holen Sie ein paar Brocken Trockenfutter und legen es vor dem Hund auf den Boden. Besser noch, Sie belohnen futterfrei, indem Sie sich kurz zum Hund setzen.

Vergessen Sie „Selbstbestrafungs-Tipps", wie dem Hund besonders scharfe Sachen hinzustellen. Es geht einfacher: Bringen Sie ihn aus dem Esszimmer, soll er vom Tisch fern bleiben. Lassen Sie nach dem Essen nichts Verlockendes stehen. Man muss sich und dem Hund das Leben nicht unnötig schwer machen. Erwischen Sie Ihren Hund direkt beim Diebstahl, sagen Sie laut „Nein!" und spielen Sie einen Wutanfall vor. Das merkt sich Ihr Hund!

Gut gemacht unterwegs

Ich nehme meinen Hund überall mit hin", sagen viele Hundebesitzer. Das kann eine gute Idee sein. Auf jedem Weg und in jeder neuen Situation lernt Ihr Hund dazu. Dabei braucht er Ihren Einsatz, um sich in allen Umgebungen, mit Geräuschen oder komischen Gegenständen vertraut zu machen. Üben Sie das! Belohnen Sie Ihren Hund für jeden lockeren Schritt auf den Mülleimer oder den knisternden Beutel zu. Sorgen Sie für gute Erlebnisse, dann verknüpft Ihr Hund mit dem „komischen Gegenstand" einen guten Geschmack und ein gutes Gefühl.

Jogger & joggen

Sie joggen? Dann los mit Hund! Dabei sollte der angeleinte Vierbeiner auf Ihrer Laufhöhe locker mittraben – ohne abrupt stehen zu bleiben. Ist die Leine ab beim Laufen und Ihr Hund bleibt bei Ihnen, gibt es ab und zu ein Leckerli. Und: Kreuzt beim Spaziergang ein Jogger Ihren Weg, lassen Sie den Hund „Platz!" machen.

Sicher im Verkehr

Machen Sie sich bewusst, wie klein selbst der größte Hund vom Steuer aus gesehen ist. Das heißt: Autofahrer sehen Hunde nicht. Darum: Im Straßenverkehr und auch am Straßenrand wenig befahrener Wege die Leine lieber dran! Schreckt Ihr Hund z. B. an großen Kreuzungen zusammen, bleiben Sie dort und nutzen Sie Futter und Gewöhnung, um den Hund zu entspannen.

Am Rad laufen

Was für Sie selbstverständlich ist, ist für manche Hunde völlig neu: das Fahrrad. Machen Sie Ihren Hund damit bekannt. Lassen Sie ihn an einem Fahrrad schnuppern und geben Sie ihm etwas Gutes, während die Fahrradklingel ertönt. Soll Ihr Hund am Rad laufen, finden Sie einige Seiten weiter gute Tipps. Unterwegs ist es wichtig, dass Ihr Hund bei vorbeifahrenden Radfahrern ruhig und bei Ihnen bleibt. Das lernt Ihr Hund mit dem richtigen Timing: Kommt Ihnen ein Radfahrer entgegen, nehmen Sie für Ihren Hund deutlich sichtbar ein Leckerli (oder seinen Lieblingsball). Dann warten Sie, bis der Radfahrer direkt neben Ihnen und Ihrem Hund ist. In dem Moment zücken Sie Leckerli oder Ball. Das Ziel: Sieht Ihr Hund ein Fahrrad, kommt er direkt zu Ihnen. Brav!

Pause – für alle

Eine Parkbank, ein Straßencafé, ein kurzer Besuch in Nachbars Garten: Sobald Sie sich setzen, schicken Sie Ihren Hund ins „Platz!". Und dort soll er bleiben. Darum: Legen Sie belohnend in Abständen ein Leckerli auf den Boden vor die Hundenase. Anfangs lassen Sie die Leine dran, dann haben Sie Ihren Hund sofort unter Kontrolle, falls er ohne Ihr Signal aufsteht. Überhaupt ist die Leine eine große Hilfe, wenn Ihr Hund sehr auf Reize in der Umgebung anspricht. Üben Sie bereits zu Hause: Sie legen dem Hund die Leine an, gehen ein paar Schritte und setzen sich auf den nächsten Stuhl. Was immer Ihr Hund tut, reagieren Sie auf nichts – bis er sich hinlegt. Loben Sie ihn dann mit ruhiger Stimme. Nach einem Moment stehen Sie wieder auf und es geht weiter – bis zur nächsten Sitzgelegenheit.

Im Auto

Auf die Klappe, fertig ... und was macht Ihr Hund? Springt er fröhlich in den Wagen oder zögert er? Und bei der Fahrt: Bellt er lautstark andere Hunde an oder liegt er ruhig da? Haben Sie einen „Autokläffer", arbeiten Sie daran. Einer fährt und einer sitzt hinten beim Hund und hält Superlecker bereit. Nun belohnen Sie Ihren Hund, sobald er ruhig wird oder bleibt. Das müssen Sie auf einigen Wegen durchhalten, dann haben Sie endlich Ruhe auf jeder Fahrt. Das Geheimnis des Erfolgs liegt darin, scheinbar Selbstverständliches („Das kann doch nicht so schwer sein, das muss doch jeder Hund können!" Oder: „Der weiß doch genau, dass ich das nicht möchte ...") zum Trainingsprogramm zu machen – spielerisch!

Auf die Plätze!

Ja, der Hund soll erst auf Ihr Signal hin auf seinen Fahrplatz im Auto gehen oder springen. Bis dahin wartet er ruhig im „Sitz!". Autoängstliche Hunde sollte im Auto stets ein guter Futterbrocken erwarten. Üben Sie den Sprung ins Auto auch dann, wenn Sie gar nicht weg wollen!

Gute Fahrt – sicher!

Ein Kofferraum mit festem Trenngitter zur Rückbank ist ein komfortabler Platz für jeden Hund. Besser noch ist er in einer passenden Transportbox untergebracht. In jedem Fall: Bringen Sie Ihrem Hund bei, sich beim Fahren stets hinzulegen. So ist das Verletzungsrisiko gering – und: Ihr Hund bekommt gar nicht erst mit, wenn ein anderer Hund vorbeigeht.

WUSSTEN SIE?

- Für den Kofferraum Ihres Autos können Sie maßgeschneiderte Hundeboxen anfertigen lassen. So ist Ihr Hund maximal sicher – und es bleibt Platz für Einkäufe oder Gepäck.
- Für Hunde, die auf der Rückbank sitzen, gibt es spezielles Hundegeschirr, das man wie einen Sicherheitsgurt befestigt.
- Ein Hund darf zu keiner (!) Jahreszeit bei direkter Sonneneinstrahlung im Auto bleiben und auch ein Schattenparkplatz steht irgendwann in der Sonne. Ihr Hund kann in kürzester Zeit an einem Hitzschlag sterben!

Raus – und los?

Angekommen und los geht's? Springt Ihr Hund unangeleint aus dem Auto, kann viel schiefgehen: Er läuft auf die Straße, er stürmt zum nächsten Hund oder Passanten – er ist jenseits Ihrer Kontrolle. Darum: Öffnen Sie die Tür langsam, lassen Sie Ihren Hund „Sitz!" machen.

Okay – und los!

Angeleint geben Sie Ihrem Hund nun das Signal für „Raus!" oder „Los geht's!". Rüden freuen sich, dürfen Sie dann mal kurz das Bein an einem Busch heben. Vergessen Sie auch nicht, im Auto immer eine kleine Flasche mit Hundewasser und einen Trinknapf bereitzuhalten!

Beim Spaziergang

Dreimal geht der Besitzer mit seinem Vierbeiner „vor die Tür“ und betritt ein Revier, das Aufmerksamkeit verlangt. Beim Spaziergang müssen wir Menschen immer Augen und Ohren offen haben: Kommt ein anderer Hund, ein Jogger, ein Auto oder Kinder? Besser, wir spüren die mögliche Ablenkung auf, bevor unser Hund es tut! Rufen Sie Ihren Hund dann immer zu sich – nicht, um ihn fantasielos und für den Hund frustrierend anzuleinen, sondern um an der Leine einen neuen Spaß zu beginnen. Damit Ihr Hund nicht „misstrauisch“ wird und sich bei Ihrem Rufen erst mal gründlich umschaut, was es denn wohl spannendes Neues in der Umgebung gibt, rufen Sie ihn auch ohne Ablenkung zu sich – zur Übung.

Jetzt zu mir!

Ihr Hund kommt auf Ihr „Komm!“-Rufen. Doch kommt er jetzt sofort, auf direktem Weg, ohne sich ablenken zu lassen? Üben Sie das – Idealerweise im Team mit einem anderen Hundebesitzer.

Kommen und bleiben!

Ist der Hund dann bei Ihnen, soll er sich (angeleint oder nicht) auf seinen Menschen konzentrieren. Das heißt: Blick und Aufmerksamkeit auf Sie richten. Wie? Holen Sie den Lieblingsball heraus!

Das Spielzeug geht mit!

Endlich Spaziergehzeit? Hoffentlich haben Sie die Taschen voll! Nicht nur Leckerbissen lassen sich prima in die Tasche stecken. Bälle oder einfach nur ein Strick können dabei sein – an heißen Tagen natürlich Wasser. Nun geht es rund: Werfen Sie den Ball, machen Sie Zerrspiele mit dem Strick oder verstecken Sie das Spielzeug. Dazu lassen Sie Ihren Hund im „Platz!“ warten, bis Sie eine gute Stelle zum Verstecken gefunden haben. Dann schicken Sie ihn mit „Such!“ los, um den Strick zu holen. Ein Tipp: Ein Versteck muss nicht immer am Boden sein – Ball oder Strick lassen sich prima in die niedrigen Zweige oder Astgabeln von Busch oder Baum legen. (Spielebuchtipps finden Sie im Service-Kapitel.) Viel Spaß!

Blickkontakt!

„Schau!“ Ihr Hund soll beim Spaziergang auf Ihr Rufen schnell reagieren und auch beim Laufen ohne Leine von sich aus regelmäßig nach Ihnen Ausschau halten. Darum: Läuft Ihr Hund voraus, verstecken Sie sich hinter einem Busch, schlagen Sie einen anderen Weg ein oder gehen Sie zügig in die Gegenrichtung. Kurz gesagt: Überraschen Sie Ihren Hund! Warum? Muss er häufiger auf die Suche nach Ihnen gehen, wird er zukünftig enger bei Ihnen bleiben!

Am Rad

Vorfahrt für die Vernünftigen: Soll Ihr Hund am Fahrrad öfter und längere Strecken laufen, ist das eine tolle Idee für seine (und Ihre) Kondition. Endlich kann der Hund seinen Laufdrang stillen. Dabei gibt es Regeln zu beachten, wie die: Ihr Hund soll am Rad nur locker laufen. Der Trab ist die gelenkschonendste Art der Fortbewegung. Ebenso wichtig: Ihr Hund braucht nicht nur mehrfach täglich Bewegung, er braucht auch Zeit, um sich zu lösen, um an Duftmarkierungen anderer Hunde schnüffelnd „tierische Neuigkeiten“ zu erfahren, und er braucht Abwechslung. Darum: Ja, fahren Sie Rad mit Ihrem Hund – aber steigen Sie zwischendrin auch mal ab und werden Sie Ihrem Hund zuliebe zum Fußgänger!

Erster Rad-Kontakt

Darf ich vorstellen: ein Fahrrad. Machen Sie Ihren Hund mit dem Rad bekannt. Lassen Sie ihn schnüffeln und belohnen Sie ihn, befindet er sich auf der für Sie richtigen Fahrradseite – also dort, wo er später mitlaufen soll. Ist bei Ihnen viel Verkehr, sollte das die rechte Seite sein.

Jeder Rad-Start

Ob geschobener oder Tempo-Start, leinen Sie Ihren Hund an und halten Sie die Leine während der Fahrt so locker in der Hand, dass Sie sie im Zweifel sofort loslassen können. Um einen harten Zug auf den Hals zu vermeiden, ist ein Geschirr ideal. Und: Erst „Sitz!“, dann „Los!“.

Die ersten Schritte

Schieben Sie ein Stück, bevor Sie aufsteigen und langsam losfahren. Rufen Sie im Fahren den Hund an Ihre Seite und achten Sie auf jedes Anzeichen, dass Ihr Hund am Boden schnüffeln oder stehen bleiben will, und motivieren Sie ihn mit dem Signalwort „Lauf!" weiterzugehen.

Der flotte Spaß

Ihr Hund läuft flott an Ihrer Seite und doch bleiben Sie aufmerksam: Bellende Hunde am Zaun oder über die Straße flitzende Katzen können zum für Sie gefährlichen Sprint animieren. Im Zweifel: Absteigen und mit Leckerli in der Leinenhand an solchen Situationen vorbeigehen!

WUSSTEN SIE?

- Hundewelpen haben ein noch ganz weiches Knochengerüst, darum: Runter vom Rad! Erst ab Ende des ersten Lebensjahres, soll man mit einem Hund Rad fahren.
- Doch: Machen Sie den Welpen bereits in seinen ersten Lebensmonaten mit einem Fahrrad bekannt und üben Sie die ersten Schritte.
- Übrigens: Zum Fahren am Rad gibt es als alternative Hundehalterung den „Springer", den man am Hinterrad anbringt und den Hund dort anleint. Das Besondere am Springer: Durch eine Feder wird kräftiges Ziehen des Hundes abgefangen – zu Ihrer Sicherheit.

Beim Spiel

Jetzt kommt das Lieblingskapitel für fast jeden Hund und Hundebesitzer. Denn: Das Schönste am Leben mit Hund ist die gemeinsame Bewegung – nicht nur gesetztes Spazierengehen, sondern vor allem: das Herumtoben! Gerade dafür gibt es wichtige Regeln, die Ihr Hund zuverlässig lernen kann. Schließlich müssen Sie als Mensch zu jedem Zeitpunkt die Kontrolle im Spiel behalten und sicherstellen, dass andere Menschen (Kinder!) gefahrlos mit Ihrem Hund spielen können. Ideal ist es, ein Spielzeug zu nutzen. Möchten Sie nur mit eigenem Körpereinsatz mit Ihrem Hund herumtollen, führen Sie ein Startwort und ein Wort für das sofortige Beenden des Spiels ein – damit das Spiel ein Spaß bleibt!

Das Spiel beginnt!

Bieten Sie Ihrem Hund Abwechslung, die Geschick erfordert, wie das Verstecken des Spielzeugs an kniffliger Stelle. Gut sind auch Spiele, bei denen Ihr Hund direkt mit Ihnen spielt, wie beim Zerrspiel oder wenn Sie spielerisch kleine Tricks üben (wie den Reifensprung). Lassen Sie Ihrer Fantasie freien Lauf!

WUSSTEN SIE?

- Roter Ball auf grünem Grund: Das kann Ihr Hund schwer erkennen.
- Hunde sehen nicht nur schwarzweiß, aber bei Rot und Grün haben sie eine eindeutige Farbschwäche.
- Bei gelbem und blauem Spielzeug spielt auch das Hundeauge mit!

Keine Lust?

Hat Ihr Hund keine Lust auf Spielzeug, machen Sie es spannend: Spielen Sie damit, als wäre es das Tollste der Welt und legen Sie es dann wieder weg. Nach einigen Tagen wird Ihr Hund deutlich Interesse zeigen. Nutzen Sie das für ein kurzes Spiel, so bleibt das Interesse erhalten. Später glückt es mit einem Spielzeug schnell, die Aufmerksamkeit des Hundes zu gewinnen.

Übermotiviert?

Ist Ihr Hund ganz verrückt auf Spielzeug, lassen Sie nie zu, dass er Sie zum Spielen auffordert. Überhaupt steht dem Hund kein Spielzeug zur Verfügung. Der Mensch beginnt und beendet das Spiel. Immer! Das heißt: Bevor Sie spielen, schicken Sie Ihren Hund ins „Sitz!“. Bevor der Hund die Lust verliert, beenden Sie das Spiel mit „Genug!“.

Geben und nehmen!

Zu jedem Spiel gehören die wichtigsten Signale: „Nimm's!“ und „Gib's!“. Halten Sie Ihrem Hund ein eher uninteressantes Spielzeug hin und sagen Sie auffordernd „Nimm's!“. Loben Sie ihn, wenn er es packt. Fürs Hergeben sagen Sie „Gib's!“. Öffnet er nicht das Maul, öffnen Sie es durch sanften Druck in den Mundwinkeln.

Beim Tierarzt

Neben den grundlegenden Impfungen gibt es viele Gründe, den Tierarzt aufzusuchen. Tun Sie das! Und fragen Sie bei Ihrem Tierarzt nach der Möglichkeit, einen Erste-Hilfe-Kurs für Hunde zu besuchen. Vielleicht macht das auch die Tierarzthelferin. So sind Sie bei Unfällen und Notfällen gut vorbereitet und haben das Richtige im Haus, um Ihrem Hund schnell zu helfen.

Neben der Gesundheit des gesamten Bewegungsapparates unserer lauffreudigen Vierbeiner ist es wichtig, auf Ohren und Zähne zu achten. Schauen Sie Ihren Hund jeden Tag ganz genau an. Dazu gehört auch, den Hund zu pflegen mit Bürsten, Kämmen, Zeckenzange (oder -karte) und mit den Händen abzutasten. Passen Sie gut auf Ihren Hund auf!

Tierarzt, nein Danke!

Die glatte Oberfläche des Untersuchungstisches verunsichert den Hund, bevor ihn der Tierarzt überhaupt angefasst hat. Dazu kommt, dass der Tierarzt unangenehme Sachen macht, wie das Pieksen mit Spritzen – dafür haben Hunde ein Elefantengedächtnis. Helfen Sie Ihrem Hund!

Hilfe, ja bitte!

Ängstlichen Hunden helfen Sie ganz konkret, indem Sie ein feuchtes Tuch auf den Untersuchungstisch legen. Das gibt Sicherheit unter den Pfoten, besonders wenn Sie es zu Hause üben. Zur Übung gehen Sie beim Tierarzt kurz ins Wartezimmer, ohne dass Sie zur Untersuchung müssen.

Alles okay bei dir?

Beobachten Sie Ihren Tierarzt: Auf welche Art fasst er Ihr Tier für die nötigen Untersuchungen an? Und dann: Machen Sie es ihm nach und gewöhnen Sie Ihren Hund an diese Berührungen und Untersuchungen. Das nimmt dem Tierarztbesuch den Schrecken, denn Ihr Hund gerät nicht sofort in Stress. Überhaupt gehört so ein kritischer Blick auf den Hund zu unserer Verantwortung als Tierbesitzer. Bleiben Sie dabei ruhig, loben Sie Ihren Hund und machen Sie ihm unangenehme Berührungen mit richtig guten Leckerlis schmackhaft. Vom ersten Tag mit Ihrem Welpen an, gewöhnen Sie ihn neben dem Blick in die Ohren, unter die Rute und Pfoten gerade auch an die Untersuchung der Zähne. Öffnen Sie dazu sein Maul mit sanftem Druck und belohnen Sie alles, was der Hund zulässt.

Anfassen, ja bitte!

Um mit Ihrem Hund zu üben, sich überall und jederzeit anfassen zu lassen, ist die Hundemassage ein tolles Mittel. Es ist effektiver als Streicheln und eine liebevolle Zuwendung statt einer strickten Untersuchung. Außerdem ist das Ziel aller Massagen, den Hund zu entspannen. Und: Ein innerlich ausgeglichener Hund ist ein für uns gut einschätzbarer Hund. Eine einfache und wirkungsvolle Methode ist TTouch von Linda Tellington-Jones. Dabei massiert man den Körper des Hundes von vorne bis hinten mit kleinen, kreisenden Bewegungen (mehr im Service-Kapitel). Der Vorteil von Massagen: Der Hund bekommt ein besseres Gefühl für seinen Körper, und Sie lernen Ihren Hund wirklich von Kopf bis Fuß kennen. Massagen stärken das Band zwischen Ihnen und Ihrem Hund.

Knifflige Situationen

Es gibt Momente, in denen Sie Ihre „Seele von einem Hund“ nicht wiedererkennen. Knurrend aggressiv oder hinterm Sofa verkriechend vor Angst, jeder Vierbeiner hat schwache Seiten. Wie helfen Sie Ihrem Hund durch solch knifflige Situationen, in denen er aus Unsicherheit überreagiert? Auf den folgenden Seiten sind Tipps zu verschiedenen Situationen. Eines muss vorausgeschickt sein: Kein Hund ist ein Lehrbuch und benimmt sich danach. Gerade kritisches Hundeverhalten ist individuell. Wenden Sie sich an eine Hundeschule in Ihrer Nähe.

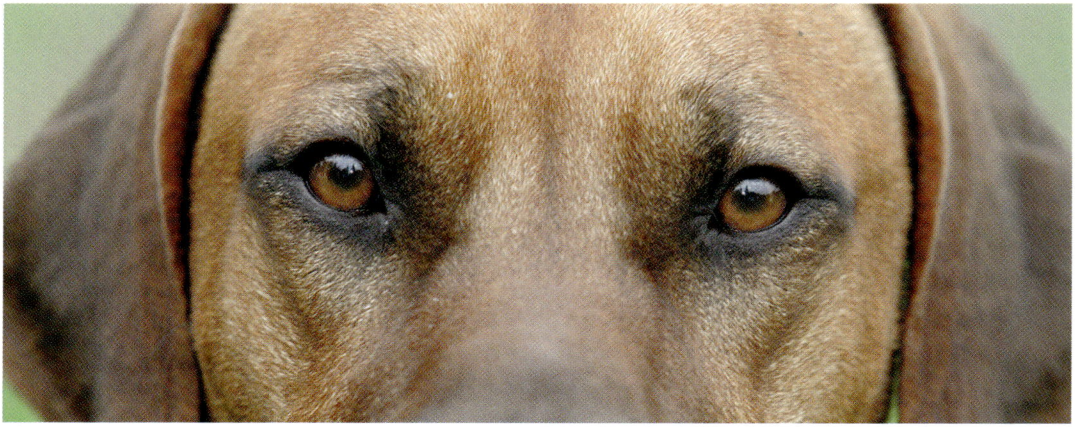

„Ich sehe was …

… was Du nicht siehst, lieber Mensch.“ Denn: Hundeaugen sind auf Bewegung spezialisiert. Sie können nicht so scharf sehen wie das menschliche Auge, doch bei Dunkelheit haben sie ähnlich wie Katzen eine erhöhte Sehfähigkeit. So kommt es, dass Hunde und Menschen durchaus andere Dinge wahrnehmen, lassen Sie den Blick schweifen. Was sich bewegt, nimmt ein Hund früher wahr und beginnt bereits aus großer Entfernung, sich aufzuregen. Darum ist und bleibt der wirkungsvollste Weg zu tierischer Gelassenheit sich auf seinen Menschen zu konzentrieren. Bleiben Sie interessant! Nutzen Sie Spielzeug, kleine Aufgaben und Übungen, Leckerlis, plötzliche Tempo- und Richtungswechsel, damit Ihr Hund vor allem ein Auge auf Sie hat!

„Ich kann Dich …

… gut riechen, Kollege!“ Düfte sind die Sprache, in der Hunde alles verstehen. Eine Sprache, die sie schmecken können dank eines speziellen Organs im Maul. Ist ein Geruch besonders aufregend, klappern sie beim Schnuppern mit den Zähnen, bis der Speichel schäumt. Soll Ihr Hund ruhig bleiben, meiden Sie solche Stellen!

„Ich bin ganz …

… Ohr!“ Ja, Ihr Hund kann besser hören als Sie. Geräusche fangen Hunderassen mit Stehohren wie ein Radarschirm auf. Hunde haben 17 Muskeln allein für die Bewegung der Ohren und können Geräusche sehr gut voneinander unterscheiden. Nutzen Sie das! Geben Sie Hundeohren klare Signalwörter und sagen Sie jedes Signal nur einmal. Ganz sicher, Ihr Hund hat es gehört!

„Ich bin gut drauf …

… weil ich wedele.“ Kenner wissen: Ein schnelles Wedeln ist sozusagen positive innere Unruhe. Ein langsames Bewegen der hoch aufgestellten Rute sagt: „Bleib mir vom Leib!“ Die eingeklemmte Rute zeigt Angst und maximale Unsicherheit. Achten Sie bei der Körpersprache des Hundes auf alle Zeichen und nehmen Sie sie ernst!

Silvester

Alle Jahre wieder: Knall, peng, puff! Lauter und überraschender als jedes Gewitter kommt Silvester über die Hundeohren und so mancher Vierbeiner würde am liebsten das Weite suchen. Was können Sie tun, um Silvesterangst zu vermeiden oder mit ihr gut umzugehen? Wie so oft gibt es verschiedenste Methoden und doch ist die wichtigste: Bleiben Sie selbst ruhig und vermeiden Sie die direkte Konfrontation. In jedem Wohngebiet geht die Knallerei zu unterschiedlichen Zeiten los (je mehr Teenager, desto früher). Denken Sie auch daran, viele Eltern machen vorzeitig ein Feuerwerk für ihre kleinen Kinder. Verlegen Sie also den letzten Spaziergang nach vorn und lassen Sie Ihren Hund abends im Haus. Und dann: Frohes neues (Hunde-)Jahr!

Es knallt? Nur die Ruhe!

Was tut ein Hund um Mitternacht: Schlafen. Er ist also völlig entspannt. Das bleibt er, indem Sie selbst dem Knallen um Sie herum keinerlei Beachtung schenken. Zeigen Sie: „Es knallt, na und?!“ Wollen Sie zu einem Fest, bringen Sie den Hund zu Freunden. Muss er allein bleiben, verschließen Sie für ihn die Räume, in denen man das Geknalle am lautesten hört und lassen Sie das Radio laufen.

Leise Gewöhnung!

Speziell für das Training mit geräuschempfindlichen Hunden gibt es CDs mit Silvestergeknalle. Wenn Sie eine solche nutzen, gehen Sie sehr behutsam vor. Ratsam ist der Einsatz nur bei Hunden, die noch keine Silvesterpanik haben. Da hilft sicher nur noch der Griff zum tierärztlich verabreichten Beruhigungsmittel! Beginnen Sie mit der CD bereits Wochen vor Silvester bei ganz leiser Einstellung. Sie verstreuen zuvor im Wohnzimmer viele kleine Leckerlis und stellen dann die CD an. Alle paar Tage machen Sie die Geräusche lauter. Reagiert Ihr Hund stark darauf, drehen Sie die CD kommentarlos wieder leiser. Kommt nun die Silvesternacht, streuen Sie kurz vor Mitternacht ordentlich Leckerlis in der Wohnung aus – für Ihren Hund samt der Geräuschkulisse ein bekanntes Ritual.

Aktive Hilfestellung!

Wenn Ihr Hund dazu neigt, sich wegen vieler Dinge aufzuregen, finden Sie eine Möglichkeit, ihn aktiv zu beruhigen. Wichtig ist, dass Sie im Vorfeld einer aufregenden Nacht alles vermeiden, was den Adrenalinspiegel bereits vorab erhöht, wie schnelle Spiele, läufige Hündinnen oder die Begegnung mit seinem „Lieblingsfeind". Dann legen Sie Hand an, denn häufig helfen spezielle Massagetechniken gerade an den Hundeohren (s. Servicekapitel). Wichtig: Üben Sie diese Massagetechniken unbedingt Wochen vorher in Momenten, in denen Sie und Ihr Hund wirklich richtig entspannt sind. Hat sich der Hund daran gewöhnt, wirkt es nicht nur an Silvester!

Bellen

Hundegebell erfüllt diverse Zwecke: Es kann ein Ausdruck von Aggression sein, dem meist ein Knurren vorausgeht, oder das Bellen um Aufmerksamkeit. Das Bellen ist eine Übersprungshandlung, wenn ein Hund sich mit einer Aufgabe oder Situation überfordert fühlt und innerlich in Stress gerät. Zusätzlich gibt es das monotone Gebell von frustrierten Hunden, das bei der Zwingerhaltung auftreten kann. Häufig hört man das Warnbellen am Zaun oder bei der Ankunft des Postboten oder von Besuchern, das bei Wachhunden natürlich gewünscht ist. Möchten Sie das Bellen Ihres Hundes „abstellen" oder unter Kontrolle bringen, ist es wichtig, den Grund für das Bellen zu kennen und entsprechend zu reagieren.

Wachhund?!

Das Bellen am Zaun, an Tür und Tor ist häufig das Bellen, das man nicht mehr hören kann und will. Darum ist die einfachste Lösung: Holen Sie Ihren Hund dort weg! Ein Hund, der ständig gelangweilt vor der Tür, im Flur oder am Zaun im Garten liegt, kommt schnell auf „dumme Gedanken". Denn hat Ihr Hund erst einmal…

Ihre Entscheidung!

…aus seiner Sicht Erfolg damit, durch Bellen einen anderen Hund, Passanten oder Radfahrer zu vertreiben, wird er dieses Verhalten öfter und häufiger einsetzen. Ihr Hund weiß nicht, dass die Menschen oder Tiere auch ohne sein Bellen wieder gegangen wären. Also, Hunde weg aus Eingangsbereichen. Das ist nicht ihr Revier!

WUSSTEN SIE?

- Hunde, die bellen, beißen nicht? Kann sein, denn ein gut sozialisierter Hund wird immer zuerst Warnsignale wie Knurren oder Bellen hören lassen, bevor er zubeißt.
- Bellen Wölfe? Ja, allerdings weniger, kürzer und sie verfügen nur über 4-6 Lautvarianten. Da hat Ihr Hund mehr zu bieten!
- Ist Bellen die Hundesprache? Der Hund nutzt Kopf bis Rute, um sich auszudrücken, das Bellen gehört dazu. Unter Hunden wird gemeinsames Bellen nicht als Dialog genutzt, sondern um (Rudel-)Zusammengehörigkeit zu äußern.
- Reagieren Sie wortlos auf unerwünschtes Bellen – sonst „bellen" Sie mit!

Leise sein loben!

Leise bleiben kann geübt werden. Dazu brauchen Sie Ausdauer und unglaublich gute Leckerbissen. Beginnen Sie Ihren Hund genau dann zu füttern, taucht ein „Bellgrund" auf. Warum? Wie Bellen ist Kauen aktiver Stressabbau für den Hund – Sie bieten ihm eine unwiderstehliche Alternative. Das klappt mit jeder Übung besser!

Weg von der Aufregung!

Bellen zeigt, Ihr Hund ist aufgeregt oder unsicher, ähnlich wie das mehrfache Markieren bei Hundebegegnungen. Zeigt Ihr Hund Stress, holen Sie ihn aus der Situation und geben Sie seiner Aufregung z. B. durch ein Spiel ein Ventil. Einzig beim Bellen um Aufmerksamkeit hilft das Ignorieren, sonst ist Ihr Einsatz gefragt!

Hundebegegnungen

Während Welpen sich noch unbändig über das Zusammentreffen mit jedem Artgenossen freuen, verändert sich diese uneingeschränkt positive Einstellung im Laufe des Hundelebens. Aufgrund von schlechten Erfahrungen mit Artgenossen, durch überschäumende Pubertät oder Imponiergehabe können Hundebegegnungen unerfreulich werden. Da werden auch wir Menschen unentspannt, gerade wenn das Aufeinandertreffen zum lautstarken Gezerre an der Leine wird. Was tun, was lassen? Auf jeden Fall: Früh anfangen, Hunde mit Hunden leinenfrei und entspannt zusammenzubringen. Zum Beispiel in der Hundeschule, wo geschulte Trainer ein Auge auf die Tiere haben und frühzeitig Begegnungen abbrechen, bevor Konflikte entstehen.

Cool bleiben ...

Sind sich die zwei Hunde im Bild grün? Nein, es gibt eine Konfrontation. Das Problem: Angeleinte Hunde können bei Begegnungen weder typische Begrüßungsrituale durchführen noch ihre Körpersprache einsetzen, um die Situation zu entspannen. Aus Unsicherheit wird Aggression.

... an der Leine!

Können die Hunde sich nicht leinenfrei begegnen, bleiben Sie auf deutlicher Distanz zum anderen Mensch-Hund-Team. Ein angeleinter Hund läuft bei Ihnen. Soll Ihr Hund andere Hunde treffen, gehen Sie auf eine Hundespielwiese, wo er frei, eindeutig und klar agieren und reagieren kann.

Gleiche Bedingungen!

Kritische Situationen bei Hundebegegnungen gibt es häufig dann, springt ein freilaufender Hund um einen angeleinten Hund herum. Der angeleinte Hund kann nur in eingeschränktem Rahmen auf die Annäherung antworten und es kommt zu einer aggressiven Überreaktion. Bleiben Sie fair und leinen Sie Ihren Hund kurz an, bis der andere Hund vorbeigegangen ist. Natürlich kann man von Weitem entweder den anderen bitten zu warten, bis man seinen Hund angeleint hat, oder fragen, warum er seinen Hund nicht ableint. Vielleicht gibt es so statt Stress ein kurzes Spiel für die Vierbeiner und einen netten Plausch für die entspannten Hundemenschen. Üben Sie aber auch mit Ihrem Hund, dass er ruhig an der Leine sitzen bleibt, selbst wenn andere Hunde um ihn herumspringen.

Sicherheit geht vor!

Begegnen Sie einem anderen Hund beim Radfahren und Ihr Hund könnte stark auf seinen Artgenossen reagieren? Steigen Sie zu Ihrer Sicherheit ab und schicken Sie Ihren Hund ins „Platz!“, bis der andere vorbeigegangen ist. Dafür sollten Sie besonders gute Leckerlis in der Tasche haben!

WUSSTEN SIE?

- Hunde müssen Sozialverhalten erst lernen – von Artgenossen!

Bringen Sie ihn als Welpe bereits leinenfrei mit gut verträglichen Hunden zusammen. Er wird von deren Körpersprache und ihren Reaktionen fürs Leben lernen: So ist Ihr Hund gut sozialisiert!

Auszeit

Ein Thema, das so ernst gemeint ist, wie jedes zuvor: Bringen Sie Ihrem Hund bei, zur Ruhe zu kommen. Schlafen können Hunde beneidenswert gut und lang, da brauchen sie keine Nachhilfe. Doch es geht bei der Auszeit um mehr. Es geht darum, dass Hunde sich nach aufregenden Spielstunden, Hundeschulbesuchen oder Spaziergängen schnell wieder beruhigen – und auch Ruhe geben. Gerade bei sehr eifrigen Rassen und jungen Hunden ist das ein Muss. Sonst haben Sie bei jeder Bewegung einen Hund an Ihrer Seite, der etwas unternehmen möchte. Außer Ruhe brauchen Hunde natürlich Streicheleinheiten von ihren Menschen. Leben Hunde mit Kindern, brauchen sie unbedingt einen Platz, an dem sie wirklich ungestört sind.

Die Ruhe nach dem …

… Spaziergang, Toben, nach der Aufregung um Besuch findet Ihr Hund schneller, hat er einen festen Platz dafür. Suchen Sie eine ruhige Ecke aus, jenseits der Hauptlaufwege der anderen Familienmitglieder. Dorthin bringen Sie Ihren Hund ab sofort immer, wenn er sich hinlegen möchte. Hinterlassen Sie dort Leckerlis oder legen Sie seinen Knauknochen hin. Hat er sich an den Platz gewöhnt, nutzen Sie diesen Ort aktiv als „Ruhepol", indem Sie den Hund nach der Aufregung konsequent an diesen Platz schicken und das mit einem Signalwort wie „Auszeit!" verknüpfen.

Kau mal wieder!

Kauspielzeug ist ein ideales Werkzeug, mit dem unruhige Hunde sich abreagieren können. Bieten Sie Ihrem Hund dieses Spielzeug ruhig als Letztes an. Hat er kein Interesse mehr daran, räumen Sie alles weg – bis zum nächsten Spiel.

Wasser, Wasser, Wasser!

Unterwegs und zu Hause kommt kein Hunde zur Ruhe, fehlt ihm Wasser. Sie werden feststellen, dass Ihr Hund nicht jeden Tag die gleiche Menge benötigt. Manchmal trinkt er gerade bei Aufregung besonders viel. Füllen Sie den Napf sofort neu.

Mein Platz. Meine Ruhe!

Neigt Ihr Hund zur Unruhe, wenn Sie bei Freunden zu Besuch sind, nehmen Sie eine Decke für ihn mit. Üben Sie mit dem Hund zu Hause, dass er darauf „Platz!“ macht und lassen Sie die Leine dran. Belohnen Sie Ihren Hund, wenn er dort liegen bleibt. So wird Ihr Hund zum willkommenen Gast, wohin Sie ihn auch mitnehmen. Und denken Sie daran, dem Hund auch Wasser anzubieten, wenn Sie mit ihm unterwegs sind.

Service

Zum Weiterlesen

Blenski, Christiane: **Hunde erziehen, ganz entspannt.** Kosmos 2005
Motivierender Ratgeber zur Hundeerziehung mit positiver Bestärkung, Schritt-für-Schritt-Erklärungen und unterhaltsamen Kolumnen aus dem Leben mit Hund.

Blenski, Christiane: **Hundespiele.** Kosmos 2007
Über 50 neue Spielideen für kleine und große Hunde, die man im Haus, beim Spaziergang und mit der ganzen Familie spielen kann.

Donaldson, Jean: **Hunde sind anders.** Kosmos 2000
Der Klassiker für ein völlig neues Verständnis für das Zusammenleben mit Ihrem Hund. Ein Muss für jeden Hundefreund!

Feddersen-Petersen, Dorit: **Hundepsychologie.** Kosmos 2004
Für alle, die ein bisschen tiefer und wissenschaftlicher ins Thema Hundeverhalten eintauchen möchten, ein kluger Klassiker.

Kopelman, Jay: **Lava und ich.** Kosmos 2007
Eine aufwühlende Geschichte aus dem Irak-Krieg, in dem die Rettung eines Welpen alles ändert.

Lausberg, Frank: **Erste Hilfe für Hunde für unterwegs.** Kosmos 2003
Der schnelle Überblick, was bei Unfällen und Verletzungen zu tun ist! Überlassen Sie in Notfällen nichts dem Zufall!

Pryor, Karen: **Positiv bestärken – sanft erziehen.** Kosmos 1999
Die Hundetrainerin Karen Pryor stellt das Prinzip der Hunderziehung mit „Positiver Bestärkung" vor und zeigt, was man damit schaffen kann.

Tellington-Jones, Linda: **Tellington-Training für Hunde.** Kosmos 1999
Lernen Sie TTouch kennen und nutzen Sie diese Art der Massage und Verständigung mit dem Hund – ein Praxisbuch!

Winkler, Sabine: **So lernt mein Hund.** Kosmos 2005
Viel sehr gut erklärte Theorie, die man in der Praxis perfekt nutzen kann, um mit dem Hund erfolgreich zu trainieren.

Weiershausen, Anja: **Populäre Irrtümer über Hunde.** Kosmos 2007
Von kalten Schnauzen, bunten Hunden und des Pudels Kern – der unterhaltsame Mix aus spannenden Informationen und amüsantem Lesestoff.

Nützliche Websites

www.hundeschule-im-kopf.de
– Die Homepage der Autorin Christiane Blenski.

www.spass-mit-hund.de
– Hundespiele, Tricks und Clicker-Training ausführlich erklärt

www.dogdance.de
– Tipps, Wissen und beeindruckende Beispiele für einen spielerisch-anspruchsvollen Spaß mit Hund

www.cairn-energy.de
– Der ultimative Newsletter über aktuelle Hundebücher

www.webtierarzt.net
– Hier gibt es kompetente Antwort rund um die Hundegesundheit.

Register

Bildnachweis

Alle Farbfotos wurden von Vivien Venzke/Kosmos extra für dieses buch aufgenommen. Weitere Aufnahmen von Christof Salata/Kosmos (1; S. 11 o.), Ulrike Schanz (2; S. 11 M. und u.), Horst Streitferdt/Kosmos (2; S. 10, 20 M.) und Sabine Stuewer/Kosmos (9; S. 12, 13 o.l. und o.r., 18 beide, 54, 55 alle drei).

Impressum

Umschlaggestaltung von eStudio Calamar unter Verwendung eines Farbfotos von Juniors Bildarchiv (Umschlagvorderseite) sowie einer Aufnahme von Vivien Venzke/Kosmos.

Mit 173 Farbfotos

Unser gesamtes lieferares Programm und viele weitere Informationen zu unseren Büchern, Spielen, Experimentierkästen, DVDs, Autoren und Aktivitäten finden Sie unter **www.kosmos.de**

Gedruckt auf chlorfrei gebleichtem Papier

© 2008, Franckh-Kosmos Verlags-GmbH
& Co. KG, Stuttgart
Alle Rechte vorbehalten
ISBN 978-3-440-11155-0
Redaktion: Alice Rieger
Gestaltungskonzept: Tatyana Momot
Produktion: Eva Schmidt
Printed in Germany / Imprimé en Allemagne

Alle Angaben in diesem Buch erfolgen nach bestem Wissen und Gewissen. Sorgfalt bei der Umsetzung ist indes dennoch geboten. Der Verlag und die Autorin übernehmen keinerlei Haftung für Personen-, Sach- oder Vermögensschäden, die aus der Anwendung der vorgestellten Materialien und Methoden entstehen könnten.

So macht Hunde erziehen Spaß

Christiane Blenski
Hunde erziehen ganz entspannt
128 Seiten, 223 Abbildungen
€/D 14,95; €/A 15,40; sFr 27,90
Preisänderung vorbehalten
ISBN 978-3-440-09950-6

- Mit diesem Einsteigerkurs werden Mensch und Hund zum Dream-Team
- Alles was Sie für das Erziehungstraining an Informationen und Step-by-Step-Erklärungen brauchen, finden Sie hier – und mehr noch: eine große Portion Humor und Motivation auf dem Weg zum schnellen Trainingserfolg

www.kosmos.de

KOSMOS

Spiel und Spaß für Mensch und Hund

Christiane Blenski
Hundespiele
128 Seiten, 250 Farbfotos
€/D 14,95; €/A 15,40; sFr 27,90
Preisänderung vorbehalten
ISBN 978-3-440-10711-9

- Frische Spielideen – individuell auf jeden Hundetyp abgestimmt
- Ob mit Schwung oder mit Köpfchen, zu zweit oder mit Kindern, ob draußen oder im Wohnzimmer, hier sind über 50 Anleitungen für Spiele, die die Hundebegeisterung neu entfachen

www.kosmos.de

KOSMOS